JN116829

数学Ⅰ・A・Ⅱ・B
分野融合基礎演習
84

大原佑騎

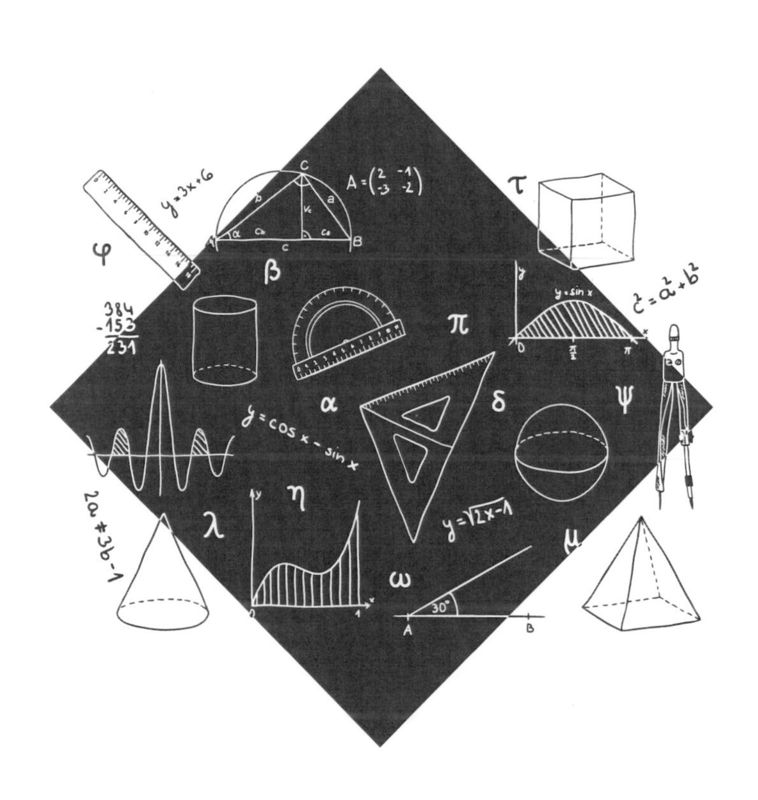

東京図書出版

はしがき

大学入試数学は，その難度において，高校数学の教科書からは大きな隔たりがあると言われています。教科書の知識から逸脱することはありませんが，比較的レベルの高い問題が全国の多くの大学で毎年のように出題されています。大学側としては，むしろそのような出題だからこそ，志願者の中から適正に入学者を選抜できているのでしょう。他方，受験生の側からすると，教科書に沿った学習ばかりでなく，入試の過去問研究をはじめとするプラスアルファの学習も少なからず必要になってきます。

本書は，このような大学入試数学を念頭に置き，数学Ⅰ・A・Ⅱ・B の教科書を一通り学び終えた人が効率良く学習をステップアップできるよう作成・編集した問題集です。教科書ではあまり扱われていない分野融合問題に特化しているため，読者によっては幾分，問題の解きづらさを感じられるかもしれませんが，しかしそれだけ一層，演習で身に付く力は大きいはずです。

本書の特長を以下にまとめます。

① 問題の採録にあたり，奇問・難問は排除し，典型問題やオリジナル問題から基礎的で良質な問題を厳選しました。

② 各自のレベルに合わせて学習を進められるよう，問題編の全 84 題は，「やや易」（30 題），「標準」（28 題），「やや難」（26 題）の 3 つのステージに振り分けてあります。

③ 問題編では，設問の要点や関連する分野についての情報は伏せていますので，模擬試験や大学入試と同じようなノーヒントの練習ができます。

④ 解答は，論理の流れを明確にしつつ，わかりやすさも追求し，別解や用いた公式の説明などを適宜補足しました。

⑤ 問題編の全 84 題のうち 20 題については，その解答のすぐ後に，理解を深めるための補充問題を掲載しました。

もし，本書に関してお気付きの点やご質問などございましたら，お気軽にご連絡ください。プラスアルファの学習のひとつとして本書が存分に活用していただけることを願っています。

2020 年 9 月　著者

目次

本書の使用法

◇　各問題は独立していますので，どのステージのどの問題から解いても構いません。

◇　解答編では，一度説明した公式等は，繰り返し同じ説明をすることは控えていますので，公式等を確認しながら解き進めたい方は，前から順に取り組むか，教科書や公式集などを併用するとよいでしょう。

◇　問題の配列は完全にランダムというわけではなく，関連問題をある程度まとめてあります。そのため，力試しとして何題か演習する場合などは，出題分野が偏らないよう注意して問題を選択してください。

◇　得意分野あるいは苦手分野といった特定の分野に関する問題に集中的に取り組みたい場合は，巻末に「関連分野一覧」を掲載してありますので，参考にしてください。

◇　どの問題もなるべく自力で考え，自分の答案を作成した上で本書の解答例と見比べてもらえると学習効果が高まるでしょう。解答目標時間は1題あたり15分～25分です。

問題編

ステージ1	やや易	【問題 1.1 ~ 1.30】
ステージ2	標準	【問題 2.1 ~ 2.28】
ステージ3	やや難	【問題 3.1 ~ 3.26】

ステージ 1

問題 1.1　（解答 p. 32）

整数 x，y が関係式 $4x+3y=121$ を満たして変化するとき，x^2+y^2 の最小値を求めよ。

問題 1.2　（解答 p. 34）

次の表は 60 人の生徒に 20 点満点の数学の小テストを行った結果である。10 点以下の生徒は 1 人もおらず，60 人の平均点はちょうど 15 点であった。x，y，z の値を求めよ。

点数	11	12	13	14	15	16	17	18	19	20
人数	1	5	5	x	y	y	10	3	z	2

問題 1.3　（解答 p. 35）

m，n は $m<n$ を満たす自然数とする。n 進法で表された m 桁の数 $123\cdots\cdots m_{(n)}$ を 10 進法で表し，計算せよ。

問題 1.4　（解答 p. 36）

8 進法で表すと n 桁，3 進法で表すと $2n$ 桁になる正の整数が存在するような自然数 n の最大値を求めよ。ただし，$\log_{10}2=0.3010$，$\log_{10}3=0.4771$ とする。

問題 1.5　（解答 p.37）

3 次方程式 $x^3-4x^2+5x-3=0$ が有理数の解をもたないことを証明せよ。

問題 1.6　（解答 p.39）

周の長さが 15 で，3 辺の長さがいずれも自然数であるような三角形 ABC は何通りあるか。

問題 1.7　（解答 p.40）

a は整数の定数とする。集合 $U=\left\{x \,\middle|\, a \leqq x \leqq a^2,\ x \text{は整数}\right\}$ について，次の問いに答えよ。

(1) 集合 U の要素の個数を求めよ。

(2) 集合 U の部分集合の総数を求めよ。

(3) 集合 U の部分集合で，要素の個数が奇数個である集合の総数を求めよ。

問題 1.8　（解答 p.41）

1 から 9 までの 9 枚の番号札が入っている箱から番号札を 1 枚取り出してもとに戻すことを n 回繰り返す。あるときまでは偶数の番号札ばかりが取り出され，それより後は奇数の番号札ばかりが取り出される確率を n の式で表せ。ただし，n は 2 以上の整数とし，偶数と奇数の番号札はそれぞれ少なくとも 1 回は取り出されるものとする。

問題 1.9　（解答 p. 42）

x，y は実数とする。$x^2+y^2 \leqq 10x+10y-45$ ならば $(5x-2y-1)(x-2y) \leqq 0$ であることを証明せよ。

問題 1.10　（解答 p. 43）

△ABC の辺 AC 上に頂点と異なる点 D をとる。点 C を通り辺 AB に平行な直線と直線 BD の交点を E，また，点 D を通り辺 AB に平行な直線と辺 BC の交点を F とする。辺 AB，EC，DF の長さがそれぞれ自然数 l，m，n で表されるとき，次の問いに答えよ。

(1)　l，m の少なくとも一方が奇数ならば n は偶数であることを示せ。

(2)　$l<m$ とし，n は素数とする。l，m をそれぞれ n の式で表せ。

問題 1.11　（解答 p. 44）

△ABC の辺 AB 上に点 D をとる。$\mathrm{BC}=7$，$\mathrm{CD}=3$，$\angle\mathrm{ACB}=90°$，$\angle\mathrm{ACD}=3\angle\mathrm{ABC}$ であるとき，△ABC の面積を求めよ。

問題 1.12　（解答 p. 45）

四角形 ABCD において，2 本の対角線の交点を E とする。$\mathrm{BC}=2$，$\mathrm{CA}=\mathrm{CD}$，$\angle\mathrm{ABC}=90°$，$\angle\mathrm{BCA}=\angle\mathrm{ACD}$ であるとき，次の問いに答えよ。

(1)　$\angle\mathrm{BCA}=\theta$ とすると，△BCD の面積が $4\sin\theta$ と表されることを示せ。

(2)　$\mathrm{CE}=1$ のとき，CD の長さを求めよ。

問題 1.13　（解答 p. 46）

$\angle A = 90°$，$BC = 1$ である $\triangle ABC$ の内接円の半径を r とする。r の最大値を求めよ。

問題 1.14　（解答 p. 48）

xy 平面において，円 $x^2 + y^2 - 16x - 12y = 0$ を原点 O のまわりで 30° だけ回転させると円 $x^2 + y^2 + lx + my = 0$ が得られるという。l，m の値を求めよ。

問題 1.15　（解答 p. 49）

次の問いに答えよ。

(1)　1 ラジアンとはどのような角か述べよ。

(2)　すべての自然数 n に対して，等式 $(\cos 1 + i \sin 1)^n = \cos n + i \sin n$ が成立することを数学的帰納法によって証明せよ。ただし，i は虚数単位とする。

問題 1.16　（解答 p. 50）

θ に関する次の命題が真となるように，定数 a の値の範囲を定めよ。ただし，θ は $-\pi < \theta < \pi$ を満たす角とし，$a \neq 0$ とする。

$$\cos\theta + a\sin\theta = -1 \implies \tan\frac{\theta}{2} > \frac{1}{3}$$

問題 1.17 （解答 p. 51）

x の方程式 $9^x - (a^3 + 1)3^x + 4a - 3 = 0$ が異符号の 2 つの実数解をもつように，定数 a の値の範囲を定めよ。

問題 1.18 （解答 p. 52）

関数 $y = 3(9^x + 9^{-x}) - 20(3^x + 3^{-x}) + 11$ の最小値とそのときの x の値を求めよ。

問題 1.19 （解答 p. 53）

正の実数 x，y が不等式 $\log_2 x^3 y \geqq (\log_2 x)^2$ を満たすとき，xy のとりうる値の範囲を求めよ。

問題 1.20 （解答 p. 54）

方程式 $16^x - 5 \cdot 8^x + 2 \cdot 4^x - 5 \cdot 2^x + 1 = 0$ を解け。

問題 1.21　（解答 p. 55）

導関数の定義に従って，関数 $y=x^5$ を微分せよ。

問題 1.22　（解答 p. 56）

座標平面において，$0 \leqq a \leqq 10$ を満たす実数 a に対して 2 点 A $(a,\ a)$，A′ $(10+a,\ 10-a)$ をとる。また，$0 \leqq b \leqq 10$ かつ $a \neq b$ を満たす実数 b に対して 2 点 B $(b,\ b)$，B′ $(10+b,\ 10-b)$ をとる。このとき，次の問いに答えよ。

(1)　直線 AA′ と直線 BB′ の交点 P の座標を a，b を用いて表せ。

(2)　b を限りなく a に近づけるとき，(1) の交点 P が限りなく近づく点を Q とする。点 Q はどのような図形上にあるか。

問題 1.23　（解答 p. 57）

実数 a に対して関数 $f(x)=x^3+ax^2-4x-2a$ を考える。

(1)　関数 $f(x)$ は極値をもつことを示せ。

(2)　関数 $f(x)$ が $x=\alpha$ で極大値をとり，$x=\beta$ で極小値をとるとする。関数 $f(x)$ のグラフは点 M $\left(\frac{\alpha+\beta}{2},\ f\left(\frac{\alpha+\beta}{2}\right)\right)$ に関して点対称であることを示せ。

(3)　a が実数全体を変化するとき，点 M の軌跡を求め，図示せよ。

問題 1.24　（解答 p. 60）

関数 $y=8^{\log_2(x-1)}-2^{\log_{\sqrt{2}}(x+3)}$ の最小値を求めよ。

問題 1.25 （解答 p. 61）

x の方程式 $4^x - 8^x - 2^a = 0$ が異なる 2 つの実数解をもつように，定数 a の値の範囲を定めよ。

問題 1.26 （解答 p. 62）

a，b は実数とする。次の 2 つの条件 p，q は同値であることを証明せよ。

p：放物線 $y = x^2 + 9$ と直線 $y = ax + b$ はただ 1 点を共有する

q：放物線 $y = x^2$ と直線 $y = ax + b$ によって囲まれる部分が存在し，その面積は 36 である

問題 1.27 （解答 p. 63）

$\vec{a} = (2,\ 1)$，$\vec{b} = (1,\ 3)$，$\vec{c} = (-3,\ 2)$ とする。実数 s，t が条件 $0 \leqq s \leqq 4$ かつ $0 \leqq t \leqq 3$ を満たして変化するとき，$\left|s\vec{a} + t\vec{b} + \vec{c}\right|$ の最大値と最小値を求めよ。

問題 1.28 （解答 p. 65）

1 辺の長さが 6 の正四面体 OABC において，辺 OA の中点を D，辺 OB を 1：2 に内分する点を E とする。また，辺 OC 上に頂点と異なる点 F をとる。△DEF の面積を S とするとき，S のとりうる値の範囲を求めよ。

問題 1.29　（解答 p. 66）

次の条件によって定められる数列 $\{z_n\}$ の一般項を求めよ。ただし，i は虚数単位とする。

$$z_1 = i,\quad 3z_{n+1} - (2+i)z_n - 2 = 0 \quad (n = 1,\ 2,\ 3,\ \cdots\cdots)$$

問題 1.30　（解答 p. 67）

初項から第 n 項までの和 S_n が

$$S_n = \int_0^1 \frac{(-t)^n - 1}{t+1}\,dt$$

で表される数列 $\{a_n\}$ の一般項を求めよ。

ステージ 2

問題 2.1　（解答 p. 68）

0 と 1 の 2 種類の数字を用いて表される 3 進数を 1 から小さい順に並べてできる数列

$1_{(3)},\ 10_{(3)},\ 11_{(3)},\ 100_{(3)},\ 101_{(3)},\ \cdots\cdots$

について，次の問いに答えよ。

(1)　第 30 項を 10 進法で表せ。

(2)　初項から第 30 項までの和を 10 進法で表せ。

問題 2.2　（解答 p. 69）

6^{40} を 5 進法で表すと何桁の数になるか。また，その 5 進数の最高位の数を求めよ。ただし，$\log_{10} 2 = 0.3010$，$\log_{10} 3 = 0.4771$ とする。

問題 2.3　（解答 p. 70）

2 次方程式 $4x^2 + 2(2a + i)x - 2a - 5 + (a - b)i = 0$ が 1 つの実数解と 1 つの虚数解をもつような整数 a，b の組を求めよ。また，そのときの解を求めよ。ただし，i は虚数単位とする。

問題 2.4　（解答 p. 72）

正十角形について次の問いに答えよ。

(1)　対角線の総数を求めよ。

(2)　正十角形の周または内部に共有点をもつような 2 本の対角線の組合せは何通りあるか求めよ。

(3)　(2) の 2 本の対角線がなす角の大きさは何通りあるか求めよ。ただし，角の大きさは 0° 以上 90° 以下の範囲で考えるものとする。

問題 2.5　（解答 p. 74）

n は 2 以上の自然数とする。3 種類の文字 a，b，c を，重複を許して n 個並べる順列のうち，両端の文字が a であり，かつ，a 以外の文字はどの文字も隣り合わないような順列はいくつあるか。ただし，使わない文字があってもよいものとする。

問題 2.6　（解答 p. 75）

青玉 3 個，緑玉 4 個，赤玉 5 個が入っている袋から玉を 1 個取り出してもとに戻すことを 14 回続けて行うとき，青玉は何回取り出される確率が最も大きいか。

問題 2.7 （解答 p.76）

3人がじゃんけんをする。あいこの場合，勝敗が決まる（1人もしくは2人が勝つ）までじゃんけんを繰り返すが，ここでは，2度続けて同じ手を出すことはできないという規則を設ける。例えば，3人とも「グー」であいこになった場合，それに続くじゃんけんは，3人とも「チョキ」か「パー」を選択することになる。あいこの場合も1回分のじゃんけんとして数えることにして，n 回までのじゃんけんで勝敗が決まる確率を p_n とおくとき，次の問いに答えよ。ただし，n は自然数とする。

(1)　p_1 を求めよ。

(2)　p_{n+1} を p_n を用いて表せ。

(3)　p_n を n の式で表せ。

(4)　ちょうど5回目のじゃんけんで勝敗が決まる確率を求めよ。

問題 2.8 （解答 p.79）

1個のサイコロを n 回投げ，出た目の数を順に a_1, a_2, a_3, ……, a_n とする。7進法で表された n 桁の数 $a_n \cdots\cdots a_3a_2a_{1(7)}$ が6の倍数となる確率は，自然数 n の値にかかわらず $\frac{1}{6}$ であることを証明せよ。

問題 2.9 （解答 p.80）

1から n までの整数が書かれた n 枚のカードから，引いたものはもとに戻さずに，カードを1枚ずつ4回引き，そのカードの数字を順に m_1, m_2, m_3, m_4 とする。ただし，n は5以上の整数である。座標平面において2点 A (m_1, m_2)，B (m_3, m_4) を考えるとき，次の問いに答えよ。

(1)　2点 A，B 間の距離が $\sqrt{2}$ となる確率を求めよ。

(2)　2点 A，B 間の距離が $\sqrt{5}$ となる確率を求めよ。

(3)　(1)，(2) の確率の大小を比較せよ。

問題 2.10 （解答 p. 83）

xy 平面において，曲線 $y = |x^2 + 3x - 10|$ と直線 $y = 2x + 20$ で囲まれた部分の周または内部にある格子点の個数を求めよ。ただし，x 座標，y 座標がいずれも整数である点を格子点という。

問題 2.11 （解答 p. 85）

xyz 空間において，連立不等式

$$\begin{cases} n \leqq x + y + z \leqq 2n \\ x \geqq 0 \\ y \geqq 0 \\ z \geqq 0 \end{cases}$$

で表される領域を D とする。ただし，n は自然数である。領域 D に含まれる格子点（x 座標，y 座標，z 座標がいずれも整数である点）の個数を求めよ。

問題 2.12 （解答 p. 87）

$\triangle$ABC とその外接円 O があり，点 C における外接円 O の接線が，辺 AB を B の方に延長した半直線 AB と点 D で交わるとする。$\angle \mathrm{ADC} = 60°$ であるとき，次の問いに答えよ。

(1)　$\mathrm{BD} < \mathrm{BC} < \mathrm{DC}$ であることを示せ。

(2)　$\cos\angle \mathrm{ABC} = \dfrac{1}{\sqrt{6}} - \dfrac{1}{2}$ とする。3 辺の長さの比 BD : BC : DC を求めよ。

問題 2.13　（解答 p. 89）

中心 O，半径 1 の円の周上に，$\angle \mathrm{AOB} = 120^\circ$ となるような 2 点 A，B をとり，小さい方の弧 AB の中点を M，大きい方の弧 AB の中点を N とする。また，弧 AMB を弦 AB に関して対称に折り返し，右の図のように弧 AOB をつくる。弧 ANB と弧 AOB に囲まれた領域（ただし，2 点 A，B を除き，境界線を含む）を D として，次の問いに答えよ。

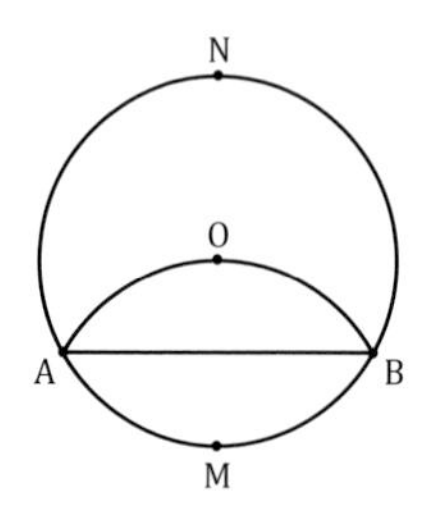

(1)　点 P が領域 D を動くとき，$\angle \mathrm{APB} = \theta$ $(0^\circ \leqq \theta \leqq 180^\circ)$ として，θ の最大値と最小値を求めよ。

(2)　2 点 A，B を除く弧 ANB 上に点 P をとる。線分 AP と領域 D が重なった部分を点 P′ が動くとき，$\mathrm{BP'} \leqq \mathrm{BP}$ であることを示せ。

(3)　点 P が領域 D を動くとき，$\mathrm{AP} + 3\mathrm{BP}$ の最大値を求めよ。

問題 2.14　（解答 p. 91）

$0 < \theta < \dfrac{\pi}{2}$ のとき，$\dfrac{\sin\theta\cos\theta}{3\cos^2\theta + 1}$ の最大値を求めよ。

問題 2.15　（解答 p. 92）

2 次方程式 $x^2 - 3(\cos\theta)x - 2\sqrt{2}\sin\theta + 3 = 0$ の実数解のとりうる値の範囲を求めよ。ただし，$0 \leqq \theta < 2\pi$ とする。

問題 2.16　（解答 p. 93）

θ が $-\dfrac{\pi}{2} \leqq \theta \leqq \dfrac{\pi}{2}$ の範囲を動くとき，

$$\begin{cases} x = \cos\theta - \sin\theta + 1 \\ y = \sin 2\theta \end{cases}$$

で定まる点 $(x,\ y)$ の軌跡を求め，図示せよ。

問題 2.17　（解答 p. 94）

θ が $0 \leqq \theta < 2\pi$ を満たして変化するとき，xy 平面上の直線

$$3(\cos\theta)x - (1 + \sin\theta)y - 2\sin\theta = 0$$

の通りうる範囲を図示せよ。

問題 2.18　（解答 p. 95）

関数 $y = \sin 3\theta + 9(\sin\theta + \cos^2\theta) - 12 \quad (0 \leqq \theta < 2\pi)$ の最大値と最小値を求めよ。また，そのときの θ の値を求めよ。

問題 2.19　（解答 p. 96）

関数 $f(x) = 2^a(x + 1) - 3 \cdot 2^{-a}(x + 2)$ の区間 $0 \leqq x \leqq 4$ における最小値が 1 であるとき，定数 a の値を求めよ。

問題 2.20　（解答 p. 97）

△ABC において，

$$\tan A + \tan B + \tan C = 8, \quad \frac{1}{\tan A} + \frac{1}{\tan B} + \frac{1}{\tan C} = 2, \quad 0^\circ < A \leqq B \leqq C < 90^\circ$$

であるとき，$\tan A$，$\tan B$，$\tan C$ の値をそれぞれ求めよ。

問題 2.21　（解答 p. 98）

a は定数とする。$0 \leqq x < 2\pi$ のとき，次の方程式の解の個数を調べよ。

$$\sin x(1 + \cos x) = a - \cos x$$

問題 2.22　（解答 p. 99）

a は定数とする。次の方程式の実数解の個数を調べよ。

$$\{\log_2(4x - x^2)\}^2 - a\log_2(4x - x^2) + 3a = 1$$

問題 2.23　（解答 p. 100）

次の連立不等式を満たす点 $(x,\ y)$ の存在範囲を図示せよ。

$$\begin{cases} \log_{x+2}(4y + 1) < 2 \\ \log_{10}|x| - \log_{10} y + 2\log_{10} 2 < 1 \end{cases}$$

問題 2.24　（解答 p. 101）

実数 X，Y が $(X-6)^2+(Y-6)^2 \leqq 8$ を満たして変化するとき，

$$\begin{cases} x = X + Y \\ y = XY \end{cases}$$

で定まる点 $(x,\ y)$ が存在しうる領域の面積を求めよ。

問題 2.25　（解答 p. 102）

放物線 $y=\frac{1}{3}x^2$ 上に定点 $\mathrm{A}\left(-1,\ \frac{1}{3}\right)$ と動点 $\mathrm{P}\left(s,\ \frac{1}{3}s^2\right)$，$\mathrm{Q}\left(t,\ \frac{1}{3}t^2\right)$ がある。ただし，s，t は $-1<s<t$ を満たす実数とする。

(1)　3 点 A，P，Q を頂点とする △APQ の面積を s，t の式で表せ。

(2)　△APQ の重心が y 軸上に存在するとき，△APQ の面積の最大値を求めよ。

問題 2.26　（解答 p. 104）

△OAB において，$\mathrm{OA}=3$，$\mathrm{OB}=2$，$\angle\mathrm{AOB}=45°$ とする。実数 s，t が 4 つの不等式 $s+2t \leqq 2$，$3s+t \leqq 3$，$s \geqq 0$，$t \geqq 0$ を満たして変化するとき，$\overrightarrow{\mathrm{OP}}=s\,\overrightarrow{\mathrm{OA}}+t\,\overrightarrow{\mathrm{OB}}$ で定まる点 P が存在しうる領域の面積を求めよ。

問題 2.27　（解答 p.106）

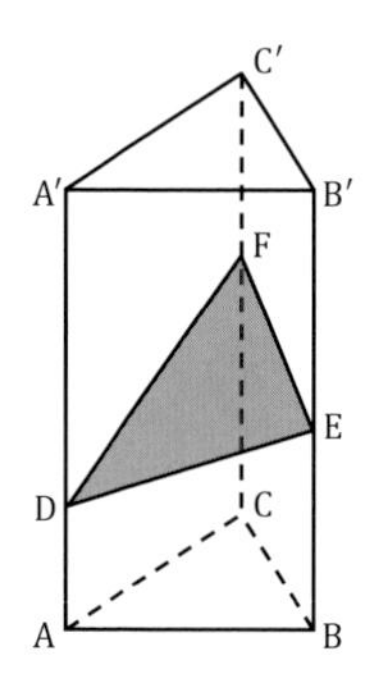

右の図のように，三角柱 ABC−A′B′C′ において，辺 AA′, BB′, CC′ 上にそれぞれ点 D，E，F を，$0 < \mathrm{AD} < \mathrm{BE} < \mathrm{CF}$ となるようにとり，平面 DEF でこの三角柱を切断する。以下，立体 ABC−DEF について考える。△DEF の重心を G，点 G から平面 ABC に下ろした垂線の足を H とする。$\mathrm{AD} = a$，$\mathrm{BE} = b$，$\mathrm{CF} = c$，$\mathrm{HG} = h$ として，次の問いに答えよ。

(1)　$\overrightarrow{\mathrm{AG}}$ を $\overrightarrow{\mathrm{AD}}$，$\overrightarrow{\mathrm{AB}}$，$\overrightarrow{\mathrm{AC}}$ を用いて表せ。

(2)　点 H は △ABC の重心に一致することを示せ。

(3)　$h = \dfrac{a+b+c}{3}$ であることを示せ。

(4)　△ABC の面積を S，立体 ABC−DEF の体積を V とすると，$V = Sh$ であることを示せ。

問題 2.28　（解答 p.108）

座標空間内に 4 点 A(0, 0, 2)，B(1, 4, 6)，C(5, 2, 4)，D(3, 2, 0) がある。

(1)　平面 ABC と平面 DBC のなす角を θ $(0° \leqq \theta \leqq 90°)$ として，$\sin\theta$ の値を求めよ。

(2)　四面体 ABCD の体積 V を求めよ。

ステージ3

問題 3.1　（解答 p. 110）

x，y は $x \leqq y$ を満たす自然数とする。大きさ5のデータ　1，5，8，x，y の分散が6であるとき，x，y の値を求めよ。

問題 3.2　（解答 p. 111）

N は自然数とする。相異なる 2^N 個の値からなるデータがあり，その 2^N 個の値は小さい順に並べると，初項 2^N，公差1の等差数列になるという。このデータについて，次の問いに答えよ。

(1)　平均値を求めよ。

(2)　分散を求めよ。

問題 3.3　（解答 p. 113）

n は自然数とする。次の命題が真であることを証明せよ。

整数 a，b，c について，$a^2+b^2+c^2$ が 4^n の倍数ならば，a，b，c はいずれも 2^n の倍数である。

問題 3.4 （解答 p. 114）

次の問いに答えよ。

(1) 和が 2，積が 3 である 2 数を求めよ。

(2) n は自然数とする。(1) の 2 数をそれぞれ n 乗して得られる 2 数は，足し合わせるとその和が整数になることを証明せよ。

問題 3.5 （解答 p. 115）

a は自然数の定数とする。3 つの不等式

$$m \geqq 2^n, \quad m \leqq 4^n, \quad m \leqq 2^{6a-n}$$

を満たす自然数 m，n の組の個数を求めよ。

問題 3.6 （解答 p. 116）

次の問いに答えよ。

(1) 正八面体の 8 つの面を，異なる 8 色をすべて用いて塗る方法は何通りあるか。

(2) 正八面体の 8 つの面を，異なる 6 色をすべて用いて塗る方法は何通りあるか。

ただし，1 つの面は 1 つの色で塗るものとし，正八面体を回転させて一致する塗り方は同じとみなす。

問題 3.7　（解答 p. 118）

1 枚のコインを 10 回投げるとき，次の確率を求めよ。

(1)　同じ面が連続して出ることのない確率

(2)　同じ面が 3 回以上連続して出ることのない確率

(3)　同じ面が 4 回以上連続して出ることのない確率

問題 3.8　（解答 p. 120）

次の問いに答えよ。

(1)　n は自然数とする。x についての恒等式 $(1+x)^n(x+1)^n=(1+x)^{2n}$ を用いて等式 $\displaystyle\sum_{k=0}^{n}{}_n\mathrm{C}_k{}^2={}_{2n}\mathrm{C}_n$ を証明せよ。

(2)　数直線上を独立に動く 2 点 P，Q は，時刻 $t=0$ においてともに原点の位置にある。時刻 $t=m$（m は自然数）における点 P の座標は，時刻 $t=m-1$ における点 P の座標に $+1$ か -1 を加えたものとして表され，$+1$ になる確率と -1 になる確率はいずれも $\dfrac{1}{2}$ である。点 Q の座標についても同様である。時刻 $t=n$（n は自然数）において 2 点 P，Q の座標が一致したとき，時刻 $t=n-1$ においても 2 点 P，Q の座標が一致していた確率を n の式で表せ。

問題 3.9　（解答 p. 122）

0 以上のすべての実数 x に対して不等式

$$(x^2-3)\sin\theta+2x\cos\theta+3\geqq 0$$

が成立するような θ の値の範囲を求めよ。ただし，$0\leqq\theta<2\pi$ とする。

問題 3.10　（解答 p. 124）

次の問いに答えよ。

(1)　$x^3+y^3+z^3-3xyz$ を因数分解せよ。

(2)　$a>0$，$b>0$，$c>0$ のとき，不等式

$$\frac{a+b+c}{3} \geqq \sqrt[3]{abc}$$

を証明せよ。また，等号が成立するのはどのようなときか求めよ。

(3)　すべての実数 x に対して不等式

$$16^x - m \cdot 4^x + 2^{x+4} \geqq 0$$

が成立するように，定数 m の値の範囲を定めよ。

問題 3.11　（解答 p. 127）

連立方程式 $\begin{cases} 4^x+4^y=13 \\ 8^x+8^y=35 \end{cases}$ を解け。

問題 3.12　（解答 p. 130）

正の実数 x，y，z が 2 つの関係式

$$xyz=8, \quad (\log_2 x)(\log_2 y)(\log_2 z)=5$$

を満たして変化するとき，x のとりうる値の範囲を求めよ。

問題 3.13　（解答 p. 132）

実数 a，b が $a>1$ かつ $b>1$ を満たして変化するとき，

$$\begin{cases} x = ab \\ \dfrac{1}{y} = \dfrac{1}{\log_2 a} + \dfrac{1}{\log_2 b} \end{cases}$$

で定まる点 $(x,\ y)$ の存在領域を xy 平面上に図示せよ。

問題 3.14　（解答 p. 134）

xy 平面において曲線 $y=x^2\ (x>0)$ 上を動く点 P がある。点 P における曲線の接線と x 軸との交点を Q とし，原点 O と点 P を通る直線 OP に点 Q から下ろした垂線の足を R とする。点 R の軌跡を求めよ。

問題 3.15　（解答 p. 136）

次の等式を満たす関数 $f(x)$ の区間 $0 \leqq x \leqq 2$ における最小値を $m(a)$ とする。$m(a)$ を a の式で表し，$m(a)$ のグラフをかけ。

$$f(x) = x^2 - ax + \int_0^2 f(t)\,dt$$

問題 3.16　（解答 p. 137）

関数 $f(x) = \displaystyle\int_{-1}^{1} |\, t^2 + (1-x)t - x \,|\, dt$ について，$y=f(x)$ のグラフをかけ。

問題 3.17　（解答 p. 139）

a は 0 でない定数とする。2 次関数 $f(x)$ が，すべての 1 次関数 $g(x)$ に対して

$$\int_0^a f(x)g(x)\,dx = 0$$

を満たすとき，放物線 $y = f(x)$ の頂点はどのような図形上にあるか。

問題 3.18　（解答 p. 140）

以下の問いに答えよ。

(1)　実数 a，b，c に対して，次の不等式を証明せよ。

$$\int_0^1 (ax^2 + bx + c)^2\,dx \geqq \left\{\int_0^1 (ax^2 + bx + c)\,dx\right\}^2$$

(2)　関数 $f(b,\ c) = \displaystyle\int_0^1 (x^2 + bx + c)^2\,dx$ の最小値を求めよ。また，そのときの実数 b，c の値を求めよ。

問題 3.19　（解答 p. 142）

関数 $f(x) = \displaystyle\int_0^x (t^3 + at^2 + b)\,dt$ が極大値と極小値をもつための実数 a，b の条件を求めよ。また，この条件が表す ab 平面上の領域を図示せよ。

問題 3.20　（解答 p. 144）

xy 平面において，点 $(a,\ b)$ から曲線 $y = x^4 - x$ に 2 本の接線が引けるとき，点 $(a,\ b)$ の存在範囲を図示せよ。

問題 3.21 （解答 p. 146）

次の問いに答えよ。

(1)　k は実数とする。3 次の整式 $f(x)$ が $(x-k)^2$ で割り切れるとき，$f(k)=0$ かつ $f'(k)=0$ が成立することを示せ。

(2)　k は実数とする。3 次の整式 $f(x)$ が $f(k)=0$ かつ $f'(k)=0$ を満たすとき，$f(x)$ は $(x-k)^2$ で割り切れることを示せ。

(3)　xy 平面における任意の 3 次関数のグラフに対して，異なる 2 点で接する直線は存在しないことを示せ。

問題 3.22 （解答 p. 149）

平面上に，相異なる 2 定点 O，A と，条件 $\overrightarrow{\mathrm{OP}}\cdot\overrightarrow{\mathrm{OA}}=3\left|\overrightarrow{\mathrm{OA}}\right|^2$ を満たしながら動く点 P がある。半直線 OP 上に点 Q を，$\left|\overrightarrow{\mathrm{OP}}\right|\left|\overrightarrow{\mathrm{OQ}}\right|=6\left|\overrightarrow{\mathrm{OA}}\right|$ となるようにとるとき，点 Q の軌跡を求めよ。

問題 3.23 （解答 p. 150）

x，y は -2 以上の整数とする。空間における 2 つのベクトル $\vec{a}=(x,\ y,\ -1)$，$\vec{b}=(1,\ -2,\ 2)$ のなす角が $135°$ であるとき，x，y の値を求めよ。

問題 3.24　（解答 p. 152）

座標空間内の定点 A (11, 18, 15) と動点 P $(3\cos\theta+2,\ 5\sin\theta-2,\ 4\cos\theta+3)$ について，次の問いに答えよ。ただし，$0 \leqq \theta < 2\pi$ とする。

(1) 動点 P が描く軌跡は一定の平面における円であることを示せ。また，その円の中心と半径を求めよ。

(2) (1) の円と定点 A は同一平面上にあることを示せ。

(3) 線分 AP の長さの最大値と最小値を求めよ。

問題 3.25　（解答 p. 154）

四面体 OABC において，$\mathrm{OA}=3$，$\mathrm{OB}=4$，$\mathrm{OC}=6$，$\angle\mathrm{AOB}=\angle\mathrm{BOC}=\angle\mathrm{COA}=60^\circ$ とし，$\triangle$ABC の重心を G とする。点 P が平面 OBC 上を動くとき，線分 AP と線分 GP の長さの和の最小値を求めよ。また，そのときの点 P は平面 OBC においてどのような位置にあるか求めよ。

問題 3.26　（解答 p. 156）

xyz 空間において，yz 平面上の放物線

$$C=\left\{(x,\ y,\ z)\ \middle|\ z=y^2+2 \text{ かつ } x=0\right\}$$

を考え，C 上の動点を P とする。また，定点 (1, 0, 1) を A とする。直線 AP と xy 平面の交点が描く軌跡を求め，xy 平面上に図示せよ。

解答編

ステージ 1　やや易　【問題 1.1 ~ 1.30】

ステージ 2　標準　【問題 2.1 ~ 2.28】

ステージ 3　やや難　【問題 3.1 ~ 3.26】

◇◆　ステージ1　◆◇

問題 1.1　**分野：2次関数／整数の性質**

整数 x，y が関係式 $4x+3y=121$ を満たして変化するとき，x^2+y^2 の最小値を求めよ。

【考え方のポイント】

x^2+y^2 を1変数で表せば，最小値が考えやすくなるでしょう。1次不定方程式 $4x+3y=121$ を解くと，x も y も整数 k を用いて表せますから，x^2+y^2 は k の式に変形できます。別解として，$4x+3y=121$ を y について解き，それを x^2+y^2 に代入して x の式に変形することもできますが，その場合，y が整数であるための条件を考慮しなければなりません。

解答

関係式 $4x+3y=121$ を ① とする。

方程式 $4x+3y=1$ の整数解の1つは $x=1$，$y=-1$ であるから　$4\cdot 1+3\cdot(-1)=1$

両辺に121を掛けると　$4\cdot 121+3\cdot(-121)=121$　……②

① − ② より　$4(x-121)+3(y+121)=0$　すなわち　$4(x-121)=-3(y+121)$

4と3は互いに素であるから，$x-121=3k$，$y+121=-4k$（k は整数）と表せる。

ゆえに，方程式①のすべての整数解は　$x=3k+121$，$y=-4k-121$（k は整数）

これを x^2+y^2 に代入して変形すると

$$x^2+y^2=(3k+121)^2+(-4k-121)^2=25k^2+1694k+2\cdot 121^2$$
$$=25\left(k+\frac{847}{25}\right)^2+2\cdot 121^2-\frac{847^2}{25}$$

$-\dfrac{847}{25}$ に最も近い整数は -34 であるから，（※1）

x^2+y^2 は，$k=-34$ のとき，すなわち $x=19$，$y=15$ のとき，

最小値 $19^2+15^2=586$ をとる。答

（※1）

関数 $f(k)=25\left(k+\dfrac{847}{25}\right)^2+2\cdot 121^2-\dfrac{847^2}{25}$ のグラフは下に凸の放物線です。軸の位置に最も近い整数 k の値を考えます。

別解

$4x+3y=121$ を変形すると　$y=\dfrac{121-4x}{3}$　……③

y が整数であるための整数 x の条件は，$121-4x$ が3の倍数となることである。

$x\equiv 0 \pmod 3$ のとき　$121-4x\equiv 121-4\cdot 0\equiv 121\equiv 1 \pmod 3$　（※2）

$x \equiv 1 \pmod 3$ のとき　$121 - 4x \equiv 121 - 4 \cdot 1 \equiv 117 \equiv 0 \pmod 3$

$x \equiv 2 \pmod 3$ のとき　$121 - 4x \equiv 121 - 4 \cdot 2 \equiv 113 \equiv 2 \pmod 3$

であるから，その条件は $x \equiv 1 \pmod 3$ である。

③を $x^2 + y^2$ に代入して変形すると

$$x^2 + y^2 = x^2 + \left(\frac{121 - 4x}{3}\right)^2 = \frac{25}{9}x^2 - \frac{968}{9}x + \frac{121^2}{9}$$
$$= \frac{25}{9}\left(x - \frac{484}{25}\right)^2 + \frac{121^2}{9} - \frac{484^2}{225}$$

$\frac{484}{25} = 19.36$ に最も近い，3 で割ると 1 余る整数は 19 であるから，　（※3）

$x^2 + y^2$ は，$x = 19$ のとき，すなわち $x = 19$，$y = 15$ のとき，

最小値 $19^2 + 15^2 = 586$ をとる。答

（※2）合同式

2 つの整数 a，b について，$a - b$ が正の整数 m の倍数であるとき，すなわち，a と b をそれぞれ正の整数 m で割ったときの余りが等しいとき，「a と b は m を法として合同」といい，$a \equiv b \pmod m$ という式（合同式）で表します。

$a \equiv c \pmod m$，$b \equiv d \pmod m$ であるとき，

[1]　$a + b \equiv c + d \pmod m$

[2]　$a - b \equiv c - d \pmod m$

[3]　$ab \equiv cd \pmod m$

が合同式の基本的な性質です。[3] からは次の性質が導けます。

[4]　$a^k \equiv c^k \pmod m$（ただし k は自然数）

（※3）

$x \equiv 1 \pmod 3$ を満たす整数 x，すなわち，3 で割ると 1 余る整数 x を小さい順に並べれば，

……，16，19，22，…… と，公差 3 の等差数列になります。

参考

$x^2 + y^2 = r$（r は正の実数）とおくと，xy 平面においてこの方程式は，原点 O を中心とする半径 $\sqrt{r}$ の円を表します。また，方程式 $4x + 3y = 121$ は，傾き $-\frac{4}{3}$，y 切片 $\frac{121}{3}$ の直線を表します。これらの円と直線が，格子点（x 座標，y 座標がいずれも整数である点）の共有点をもつような r の最小値を求めればよい，と考えることもできます。詳細は省きますが，円 $x^2 + y^2 = r$ と直線 $4x + 3y = 121$ が接するとき，接点の x 座標は $x = \frac{484}{25} = 19.36$ となるので，この接点に最も近い直線上の格子点を調べてもよいでしょう。

問題 1.2　分野：データの分析／整数の性質

次の表は 60 人の生徒に 20 点満点の数学の小テストを行った結果である。10 点以下の生徒は 1 人もおらず，60 人の平均点はちょうど 15 点であった。x，y，z の値を求めよ。

点数	11	12	13	14	15	16	17	18	19	20
人数	1	5	5	x	y	y	10	3	z	2

【考え方のポイント】

人数，平均点についてそれぞれ方程式がつくれます。その連立方程式を解くときに，x を消去するか z を消去するかの判断は難しいところですが，その両方を試してみると，x を消去した方が式はより簡単になることがわかります。

解答

全体の人数は 60 人であるから　$1+5+5+x+y+y+10+3+z+2=60$

よって　$x+2y+z=34$　……①

60 人の平均点は 15 点であるから

$11\cdot1+12\cdot5+13\cdot5+14x+15y+16y+17\cdot10+18\cdot3+19z+20\cdot2=15\cdot60$

よって　$14x+31y+19z=500$　……②

① かつ ② を満たす 0 以上の整数 x，y，z の値を求めればよい。

① より　$x=34-2y-z$　……③

③ を ② に代入すると　$14(34-2y-z)+31y+19z=500$　（※1）

これを整理すると　$3y+5z=24$

よって　$3(y-8)=-5z$

3 と 5 は互いに素であるから，$y-8=5k$，$z=-3k$（k は整数）と表せる。

y，z はともに 0 以上であるから，$5k+8\geqq0$ かつ $-3k\geqq0$ より　$-\frac{8}{5}\leqq k\leqq0$

ゆえに　$k=-1,\ 0$

$k=-1$ のとき $(y,\ z)=(3,\ 3)$ であり，③ より $x=25$　これは $x\geqq0$ を満たす。

$k=0$ のとき $(y,\ z)=(8,\ 0)$ であり，③ より $x=18$　これは $x\geqq0$ を満たす。

したがって　$(x,\ y,\ z)=(25,\ 3,\ 3),\ (18,\ 8,\ 0)$　答

（※1）

$z=34-x-2y$ を ② に代入して整理すると $5x+7y=146$ が得られます。この 1 次不定方程式を解くこともできますが，解答のように $3y+5z=24$ を解く方が易しいでしょう。

問題 1.3　分野：整数の性質／数列

m, n は $m<n$ を満たす自然数とする。n 進法で表された m 桁の数 $123\cdots\cdots m_{(n)}$ を 10 進法で表し，計算せよ。

【考え方のポイント】

$123\cdots\cdots m_{(n)}$ を 10 進法で表した式の各項は，等差数列 1, 2, 3, ……, m と等比数列 n^{m-1}, n^{m-2}, n^{m-3}, ……, n^0 の対応する各項を掛け合わせたものになっています。文字は含まれていますが，その後の計算は数列の分野の典型問題です。

解答

$123\cdots\cdots m_{(n)}$ を S とおく。S を 10 進法で表すと

$$S = 1\cdot n^{m-1}+2\cdot n^{m-2}+3\cdot n^{m-3}+\cdots\cdots+m\cdot n^0 \quad \cdots\cdots①$$ 答

両辺に n を掛けると

$$n\cdot S = 1\cdot n^{m}+2\cdot n^{m-1}+3\cdot n^{m-2}+\cdots\cdots+m\cdot n^1 \quad \cdots\cdots②$$

$n\neq 1$ であるから，② − ① より

$$\begin{aligned}(n-1)S &= n^m+n^{m-1}+n^{m-2}+\cdots\cdots+n^1-m\cdot n^0\\ &=\sum_{k=1}^{m} n^k - m\\ &=\frac{n(n^m-1)}{n-1}-m \quad (※1)\\ &=\frac{n^{m+1}-(m+1)n+m}{n-1}\end{aligned}$$

ゆえに　$S=\dfrac{n^{m+1}-(m+1)n+m}{(n-1)^2}$ 答

（※1）等比数列の和

> 初項 a，公比 r，項数 n の等比数列の和を S_n とすると
>
> $r\neq 1$ のとき　$S_n=\dfrac{a(1-r^n)}{1-r}=\dfrac{a(r^n-1)}{r-1}$
>
> $r=1$ のとき　$S_n=na$

$\displaystyle\sum_{k=1}^{m} n^k$ は，初項 n，公比 n，項数 m の等比数列の和を表します。

問題 1.4　**分野：整数の性質／指数関数／対数関数**

8 進法で表すと n 桁，3 進法で表すと $2n$ 桁になる正の整数が存在するような自然数 n の最大値を求めよ。ただし，$\log_{10} 2 = 0.3010$，$\log_{10} 3 = 0.4771$ とする。

【考え方のポイント】

8 進法で表すと n 桁になる正の整数 N の最小値は 8^{n-1} で，最大値は $8^n - 1$ です。これは不等式で，$8^{n-1} \leqq N \leqq 8^n - 1$ あるいは $8^{n-1} \leqq N < 8^n$ と表現できます。3 進法で表すと $2n$ 桁になる正の整数の場合も同様です。これらの連立不等式を数直線上で視覚的に考えるとわかりやすいでしょう。

解答

正の整数 N が 8 進法で表すと n 桁になるとき

$$8^{n-1} \leqq N < 8^n \quad \cdots\cdots ①$$

また，正の整数 N が 3 進法で表すと $2n$ 桁になるとき

$$3^{2n-1} \leqq N < 3^{2n} \quad \cdots\cdots ②$$

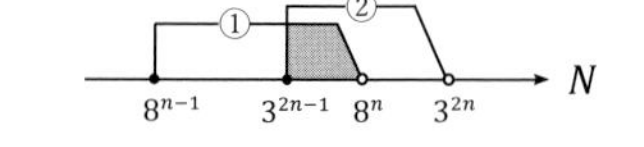

$8^n < 3^{2n}\ (= 9^n)$ であるから，右図により，

① かつ ② を満たす正の整数 N が存在するための条件は

$$3^{2n-1} < 8^n \quad (※1)$$

両辺，3 を底とする対数をとると　$2n - 1 < n\log_3 8$

よって　$(2 - \log_3 8)n < 1 \quad \cdots\cdots ③$

ここで，$\log_3 8 = \dfrac{\log_{10} 8}{\log_{10} 3} = \dfrac{3\log_{10} 2}{\log_{10} 3} = \dfrac{3 \times 0.3010}{0.4771} = 1.892\cdots\cdots$ であるから　(※2)

$$1.89 < \log_3 8 < 1.9$$

ゆえに　$0.1 < 2 - \log_3 8 < 0.11$

逆数をとると　$\dfrac{1}{0.11} < \dfrac{1}{2 - \log_3 8} < \dfrac{1}{0.1}$

したがって，③ すなわち $n < \dfrac{1}{2 - \log_3 8}$ を満たす自然数 n の最大値は 9　答

(※1)

$3^{2n-1} < 8^n$ であれば，少なくとも正の整数 $N = 3^{2n-1}$ は存在します。

(※2) 底の変換公式

> a，b，c は 1 でない正の数とすると
>
> $$\log_a b = \frac{\log_c b}{\log_c a}$$

問題 1.5　分野：整数の性質／集合と命題

3 次方程式 $x^3-4x^2+5x-3=0$ が有理数の解をもたないことを証明せよ。

【考え方のポイント】

「有理数の解をもたないこと」を直接証明するのは難しいため，背理法を用います。「有理数の解 $x=\dfrac{q}{p}$ をもつ」と仮定して矛盾を導きます。必要条件を考える際，方程式の最高次の項と定数項に着目するのがポイントです。「補充問題 1」も参考にしてください。

証明

与えられた方程式が有理数の解 $x=\dfrac{q}{p}$ をもつと仮定する。

ただし，「p と q は互いに素な整数で，$p \geqq 1$」（＊）とする。

$x=\dfrac{q}{p}$ を方程式に代入すると　$\left(\dfrac{q}{p}\right)^3-4\left(\dfrac{q}{p}\right)^2+5\cdot\dfrac{q}{p}-3=0$

両辺に p^2 を掛けて　$\dfrac{q^3}{p}=4q^2-5pq+3p^2$　（※ 1）

右辺は整数であるから，左辺も整数である。ゆえに，（＊）より　$p=1$

このとき，有理数の解は整数解 $x=q$ として表される。　（※ 2）

$x=q$ を方程式に代入すると　$q^3-4q^2+5q-3=0$

$q \neq 0$ より，両辺を q で割って　$q^2-4q+5=\dfrac{3}{q}$　……①　（※ 3）

左辺は整数であるから，右辺も整数である。よって　$q=\pm1,\ \pm3$

これらを順に調べると

$q=1$ のとき　（①の左辺）$=2$，（①の右辺）$=3$　より不適。

$q=-1$ のとき　（①の左辺）$=10$，（①の右辺）$=-3$　より不適。

$q=3$ のとき　（①の左辺）$=2$，（①の右辺）$=1$　より不適。

$q=-3$ のとき　（①の左辺）$=26$，（①の右辺）$=-1$　より不適。

ゆえに，①を満たす整数 q は存在せず，これは最初の仮定に矛盾する。

したがって，与えられた方程式は有理数の解をもたない。終

（※ 1）

$\left(\dfrac{q}{p}\right)^3-4\left(\dfrac{q}{p}\right)^2+5\cdot\dfrac{q}{p}-3=0$ の両辺に p^3 を掛けて　$q^3-4pq^2+5p^2q-3p^3=0$

したがって　$q^3=p(4q^2-5pq+3p^2)$

と変形しても構いません。右辺は p の倍数なので，左辺も p の倍数であることがいえて，（＊）より $p=1$ が導かれます。

（※2）

関数 $y=x^3-4x^2+5x-3$ について，
極値を調べてグラフをかくと右図のようになり，
$x=2$ のとき $y<0$，$x=3$ のとき $y>0$
より，実数解は $2<x<3$ の範囲に存在することがわかります。
これをもとに，整数解 $x=q$ は存在しないという答案をつくることもできます。

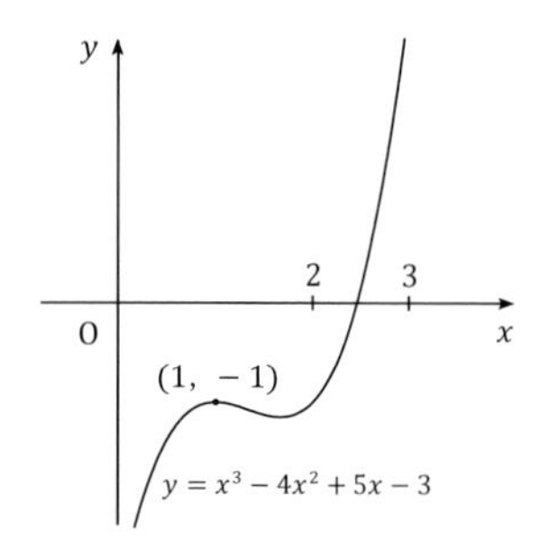

（※3）

$q^3-4q^2+5q-3=0$ を $q(q^2-4q+5)=3$ と変形しても構いません。左辺は q の倍数なので，q は3の約数であることがいえて，$q=\pm1$，±3 が導かれます。

【補充問題1】（解答 p.160）

> **n は2以上の自然数とする。係数が整数の n 次方程式**
>
> $$\boldsymbol{a_0x^n+a_1x^{n-1}+\cdots\cdots+a_{n-1}x+a_n=0}\quad（ただし\ \boldsymbol{a_0\neq0}\ かつ\ \boldsymbol{a_n\neq0}）$$
>
> **が有理数の解をもつならば，その解は**
>
> $$\boldsymbol{x=\frac{a_n\text{の約数}}{a_0\text{の約数}}}$$
>
> **と表されることを示せ。**

問題 1.6　**分野：場合の数／図形の性質**

周の長さが 15 で，3 辺の長さがいずれも自然数であるような三角形 ABC は何通りあるか。

【考え方のポイント】

3 辺の長さを a，b，c として，三角形の成立条件を考慮すると，$a+b+c=15$，$a \leqq 7$，$b \leqq 7$，$c \leqq 7$ を満たす自然数 a，b，c の組の総数を求めればよいことがわかります。組 (a, b, c) をすべて列挙するのは大変なので，a，b，c の対称性を利用して数えます。

解答

辺 BC，CA，AB の長さをそれぞれ a，b，c とすると，a，b，c は自然数であり，

周の長さについて　$a+b+c=15$　……①

また，三角形の成立条件により　（※1）

$a+b>c$ ……②，　$b+c>a$ ……③，　$c+a>b$ ……④

① より $a+b=15-c$ であるから，② は $15-c>c$ すなわち $c<\dfrac{15}{2}$ と変形できる。

同様にして，③，④ はそれぞれ $a<\dfrac{15}{2}$，$b<\dfrac{15}{2}$ と変形できる。

a，b，c は自然数であるから，これらは $a \leqq 7$，$b \leqq 7$，$c \leqq 7$ と言い換えられる。

和が 15 で，いずれも 7 以下である 3 つの自然数の組は，3 つの自然数を大きい順に並べると

(7，7，1)，(7，6，2)，(7，5，3)，(7，4，4)，(6，6，3)，(6，5，4)，(5，5，5)

対応する組 (a, b, c) が何個あるかを考えると

(7，6，2)，(7，5，3)，(6，5，4) のとき，それぞれ 3! 個

(7，7，1)，(7，4，4)，(6，6，3) のとき，それぞれ 3 個

(5，5，5) のとき，1 個

よって，組 (a, b, c) の総数は　$3 \cdot 3!+3 \cdot 3+1=28$

ゆえに，題意を満たす三角形 ABC は 28 通りある。答

（※1）三角形の成立条件

正の数 a，b，c に対して，3 辺の長さが a，b，c である三角形が成立するための条件は

$a+b>c$ かつ $b+c>a$ かつ $c+a>b$

（どの 2 辺の長さの和も，他の 1 辺の長さより大きい）

この 3 つの式をまとめると，次のように表すこともできます。

$|a-b|<c<a+b$

問題 1.7　分野：場合の数／式と証明

a は整数の定数とする。集合 $U=\left\{x \,\middle|\, a \leqq x \leqq a^2,\ x \text{ は整数}\right\}$ について，次の問いに答えよ。

(1)　集合 U の要素の個数を求めよ。

(2)　集合 U の部分集合の総数を求めよ。

(3)　集合 U の部分集合で，要素の個数が奇数個である集合の総数を求めよ。

【考え方のポイント】

(3) では，集合 U の要素の個数を N とおくと，求める総数は ${}_N\mathrm{C}_1+{}_N\mathrm{C}_3+{}_N\mathrm{C}_5+\cdots\cdots+{}_N\mathrm{C}_N$ と表されます。そこで，x についての恒等式 $(1+x)^N={}_N\mathrm{C}_0+{}_N\mathrm{C}_1x+{}_N\mathrm{C}_2x^2+\cdots\cdots+{}_N\mathrm{C}_Nx^N$ を利用します。この恒等式からは，x に数値を代入したりすることで，様々な等式がつくれます。

「問題 3.8」(1) がその関連問題です。

---

(1) **解答**

求める個数は，a 以上 a^2 以下の整数の個数であり，　a^2-a+1（個）　答

(2) **解答**

集合 U の部分集合をつくるとき，集合 U のそれぞれの要素に対して，部分集合に含めるか含めないかの 2 通りの選択がある。空集合 $\emptyset$ や集合 U も，集合 U の部分集合とみなすから，

求める総数は　2^{a^2-a+1} 個　答

(3) **解答**

集合 U の要素の個数を N とおくと　$N=a^2-a+1=a(a-1)+1$

$a(a-1)$ は連続する 2 つの整数の積なので偶数であり，N は奇数である。

k を 1 以上 N 以下の奇数とすると，要素の個数が k 個である部分集合の総数は，集合 U の N 個の要素から k 個の要素を選ぶ方法の総数に等しく，${}_N\mathrm{C}_k$ 個である。

したがって，${}_N\mathrm{C}_1+{}_N\mathrm{C}_3+{}_N\mathrm{C}_5+\cdots\cdots+{}_N\mathrm{C}_N$ を求めればよい。

ここで，二項定理から得られる等式 $(1+x)^N={}_N\mathrm{C}_0+{}_N\mathrm{C}_1x+{}_N\mathrm{C}_2x^2+\cdots\cdots+{}_N\mathrm{C}_Nx^N$ において　（※1）

$x=1$ とすると　$2^N={}_N\mathrm{C}_0+{}_N\mathrm{C}_1+{}_N\mathrm{C}_2+\cdots\cdots+{}_N\mathrm{C}_N$　……①

$x=-1$ とすると　$0={}_N\mathrm{C}_0-{}_N\mathrm{C}_1+{}_N\mathrm{C}_2-\cdots\cdots-{}_N\mathrm{C}_N$　……②

①－② より　$2^N=2\left({}_N\mathrm{C}_1+{}_N\mathrm{C}_3+{}_N\mathrm{C}_5+\cdots\cdots+{}_N\mathrm{C}_N\right)$

ゆえに，${}_N\mathrm{C}_1+{}_N\mathrm{C}_3+{}_N\mathrm{C}_5+\cdots\cdots+{}_N\mathrm{C}_N=2^{N-1}$ であるから，

求める総数は，2^{N-1} すなわち 2^{a^2-a}（個）　答

（※1）二項定理

$$(a+b)^n={}_n\mathrm{C}_0a^n+{}_n\mathrm{C}_1a^{n-1}b+{}_n\mathrm{C}_2a^{n-2}b^2+\cdots\cdots+{}_n\mathrm{C}_ra^{n-r}b^r+\cdots\cdots+{}_n\mathrm{C}_nb^n$$

問題 1.8　分野：確率／数列

1から9までの9枚の番号札が入っている箱から番号札を1枚取り出してもとに戻すことを n 回繰り返す。あるときまでは偶数の番号札ばかりが取り出され，それより後は奇数の番号札ばかりが取り出される確率を n の式で表せ。ただし，n は2以上の整数とし，偶数と奇数の番号札はそれぞれ少なくとも1回は取り出されるものとする。

【考え方のポイント】

「あるときまでは偶数の番号札ばかりが取り出され，それより後は奇数の番号札ばかりが取り出される」というのは，具体的に言い換えれば，取り出される札の番号が，「1回目は偶数で2回目以降はすべて奇数」または「2回目まではすべて偶数で3回目以降はすべて奇数」または「3回目まではすべて偶数で4回目以降はすべて奇数」…… または「$(n-1)$ 回目まではすべて偶数で n 回目は奇数」ということです。これら全体の確率はΣ計算で求められます。

解答

n 回の試行において，取り出される札の番号が k 回目の試行まではすべて偶数で，$(k+1)$ 回目の試行以降はすべて奇数となる確率を $P_n(k)$ とおく。ただし，k は1以上 $(n-1)$ 以下の整数とする。

1回の試行において，札の番号が偶数となる確率は $\frac{4}{9}$，奇数となる確率は $\frac{5}{9}$ であるから

$$P_n(k)=\left(\frac{4}{9}\right)^k\left(\frac{5}{9}\right)^{n-k}=\left(\frac{5}{9}\right)^n\left(\frac{4}{5}\right)^k$$

よって，求める確率は，$k=1,\ 2,\ 3,\ \cdots\cdots,\ n-1$ の各場合の $P_n(k)$ を合計したもの，すなわち

$$\sum_{k=1}^{n-1}P_n(k)=\left(\frac{5}{9}\right)^n\sum_{k=1}^{n-1}\left(\frac{4}{5}\right)^k$$

$$=\left(\frac{5}{9}\right)^n\cdot\frac{\frac{4}{5}\left\{1-\left(\frac{4}{5}\right)^{n-1}\right\}}{1-\frac{4}{5}}\quad（※1）$$

$$=\frac{4\cdot5^n-5\cdot4^n}{9^n}\quad \boxed{答}$$

（※1）

$\sum_{k=1}^{n-1}\left(\frac{4}{5}\right)^k$ は，初項 $\frac{4}{5}$，公比 $\frac{4}{5}$，項数 $(n-1)$ の等比数列の和を表します。

問題 1.9　分野：図形と式／集合と命題

x，y は実数とする。$x^2+y^2 \leqq 10x+10y-45$ ならば $(5x-2y-1)(x-2y) \leqq 0$ であることを証明せよ。

【考え方のポイント】

全体集合を U とし，条件 p を満たす U の要素全体の集合（条件 p の真理集合）を P，条件 q を満たす U の要素全体の集合（条件 q の真理集合）を Q とすると，命題 $p \Rightarrow q$ が真であることは $P \subset Q$（P は Q の部分集合）が成立することと同じです。

証明

xy 平面において，$x^2+y^2 \leqq 10x+10y-45$ ……① の表す領域を P，

$(5x-2y-1)(x-2y) \leqq 0$ ……② の表す領域を Q とする。$P \subset Q$ であることを示せばよい。

① を変形すると　$(x-5)^2+(y-5)^2 \leqq 5$

よって P は，中心 (5，5)，半径 $\sqrt{5}$ の円の周および内部である。

② を変形すると　$\begin{cases} 5x-2y-1 \geqq 0 \\ x-2y \leqq 0 \end{cases}$　または　$\begin{cases} 5x-2y-1 \leqq 0 \\ x-2y \geqq 0 \end{cases}$

すなわち　$\begin{cases} y \leqq \frac{5}{2}x-\frac{1}{2} \\ y \geqq \frac{1}{2}x \end{cases}$　または　$\begin{cases} y \geqq \frac{5}{2}x-\frac{1}{2} \\ y \leqq \frac{1}{2}x \end{cases}$

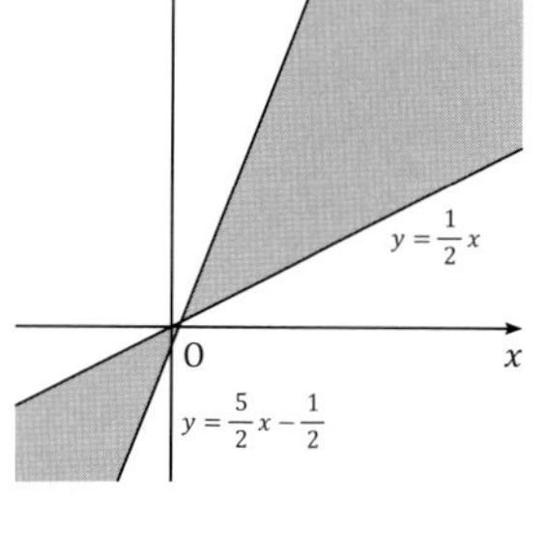

よって Q は，右図の網目部分である。ただし，境界線を含む。

$(x,\ y)=(5,\ 5)$ は $\begin{cases} y \leqq \frac{5}{2}x-\frac{1}{2} \\ y \geqq \frac{1}{2}x \end{cases}$ を満たすので，

点 (5，5) は Q に含まれる。

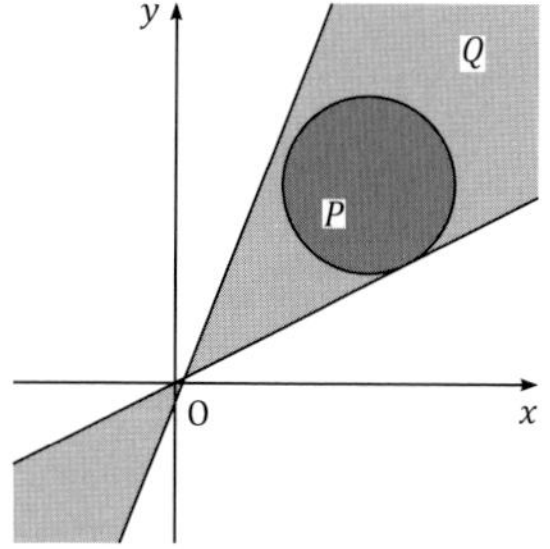

点 (5，5) と直線 $5x-2y-1=0$ の距離は

$$\frac{|5\cdot5-2\cdot5-1|}{\sqrt{5^2+(-2)^2}}=\frac{14}{\sqrt{29}}=\sqrt{\frac{196}{29}}$$ であり，　（※1）

これは円の半径 $\sqrt{5}$ より大きい。

また，点 (5，5) と直線 $x-2y=0$ の距離は

$$\frac{|5-2\cdot5|}{\sqrt{1^2+(-2)^2}}=\sqrt{5}$$ であり，これは円の半径に等しい。

したがって，右図のように $P \subset Q$ が成立する。すなわち，題意は証明された。終

（※1）点と直線の距離

点 $(x_1,\ y_1)$ と直線 $ax+by+c=0$ の距離を d とすると

$$d=\frac{|ax_1+by_1+c|}{\sqrt{a^2+b^2}}$$

問題 1.10　分野：図形の性質／整数の性質／集合と命題

△ABC の辺 AC 上に頂点と異なる点 D をとる。点 C を通り辺 AB に平行な直線と直線 BD の交点を E，また，点 D を通り辺 AB に平行な直線と辺 BC の交点を F とする。辺 AB，EC，DF の長さがそれぞれ自然数 l，m，n で表されるとき，次の問いに答えよ。

(1)　l，m の少なくとも一方が奇数ならば n は偶数であることを示せ。

(2)　$l<m$ とし，n は素数とする。l，m をそれぞれ n の式で表せ。

【考え方のポイント】

まずは，三角形の相似（2 角相等）などに着目して，l，m，n の関係式 $(l-n)(m-n)=n^2$ を導きます。「少なくとも一方が ……」というような命題を証明するときは，対偶を利用した証明法や背理法といった間接証明法が有力です。

---

(1) **証明**

△ABD ∽ △CED より，BD : ED = AB : CE = $l:m$ であるから　BD : BE = $l:(l+m)$　……①

また，△BDF ∽ △BEC より　BD : BE = DF : EC = $n:m$　……②

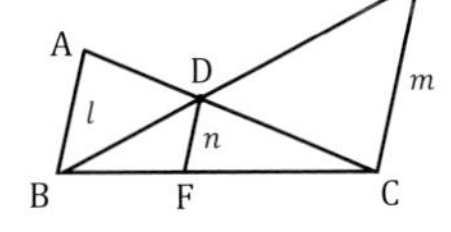

①，② より　$l:(l+m)=n:m$

これを変形すると，$lm=n(l+m)$ より　$lm-ln-mn=0$

ゆえに　$(l-n)(m-n)=n^2$　……③

ここで，与えられた命題の対偶「n が奇数ならば l，m はともに偶数である」を考える。

n が奇数のとき，③ の右辺は $(\text{奇数})^2=(\text{奇数})$ であるから，③ の左辺も奇数となる。

このとき，整数 $l-n$，$m-n$ について，少なくとも一方が偶数ならば $(l-n)(m-n)$ は偶数となって矛盾するので，両方とも奇数といえる。

すなわち，$l-(\text{奇数})=(\text{奇数})$，$m-(\text{奇数})=(\text{奇数})$ であり，l，m はともに偶数である。

したがって，対偶が真であるから，もとの命題も真である。終　（※1）

（※1）

命題の真偽とその対偶の真偽が一致することを利用しました。

(2) **解答**

(1) より　$(l-n)(m-n)=n^2$

$l>n$，$m>n$ より $l-n$，$m-n$ は正の整数であり，また，$l-n<m-n$ であるから

$(l-n,\ m-n)=(1,\ n^2)$　すなわち　$(l,\ m)=(n+1,\ n^2+n)$　……④

$AB=n+1$ である △ABC において，辺 AC を $1:n$ に内分する点を D とすると，

④ を満たす図形は確かに存在する。

したがって　$(l,\ m)=(n+1,\ n^2+n)$　答

問題 1.11　分野：三角比／三角関数

△ABC の辺 AB 上に点 D をとる。BC = 7，CD = 3，∠ACB = 90°，∠ACD = 3∠ABC であるとき，△ABC の面積を求めよ。

【考え方のポイント】

∠ABC = θ とおいて，$\sin\theta$ か $\cos\theta$ の値を求められないかと考えます。△BCD で正弦定理を用いると，$\sin\theta$ についての方程式が得られます。

解答

∠ABC = θ，∠ACD = 3θ とおくと

∠BCD = $90° - 3\theta$，∠BDC = $180° - \theta - (90° - 3\theta) = 90° + 2\theta$

△BCD において正弦定理により　$\dfrac{7}{\sin(90° + 2\theta)} = \dfrac{3}{\sin\theta}$　（※1）

分母を払って　$7\sin\theta = 3\sin(90° + 2\theta)$

$\sin(90° + 2\theta) = \cos 2\theta = 1 - 2\sin^2\theta$ であるから　（※2）（※3）

$$7\sin\theta = 3(1 - 2\sin^2\theta)$$

これを整理すると　$6\sin^2\theta + 7\sin\theta - 3 = 0$

ゆえに，$(3\sin\theta - 1)(2\sin\theta + 3) = 0$，$\sin\theta \neq -\dfrac{3}{2}$ より　$\sin\theta = \dfrac{1}{3}$

θ は鋭角であるから $\cos\theta > 0$ であり，$\sin^2\theta + \cos^2\theta = 1$ から　$\cos\theta = \dfrac{2\sqrt{2}}{3}$

したがって，$\tan\theta = \dfrac{\sin\theta}{\cos\theta} = \dfrac{\sqrt{2}}{4}$ より　$AC = BC\tan\theta = \dfrac{7\sqrt{2}}{4}$

よって，△ABC の面積は　$\dfrac{1}{2}BC \cdot AC = \dfrac{1}{2} \cdot 7 \cdot \dfrac{7\sqrt{2}}{4} = \dfrac{49\sqrt{2}}{8}$　答

（※1）正弦定理

△ABC（右図参照）の外接円の半径を R とすると

$$\frac{a}{\sin A} = \frac{b}{\sin B} = \frac{c}{\sin C} = 2R$$

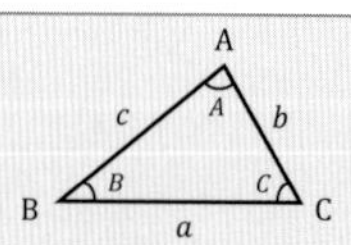

（※2）$\theta + 90°$ の三角比

$$\sin(\theta + 90°) = \cos\theta,\quad \cos(\theta + 90°) = -\sin\theta,\quad \tan(\theta + 90°) = -\frac{1}{\tan\theta}$$

（※3）2倍角の公式（余弦）

$$\cos 2\alpha = \cos^2\alpha - \sin^2\alpha = 1 - 2\sin^2\alpha = 2\cos^2\alpha - 1$$

問題 1.12　分野：三角比／三角関数

四角形 ABCD において，2 本の対角線の交点を E とする。$\mathrm{BC} = 2$，$\mathrm{CA} = \mathrm{CD}$，$\angle\mathrm{ABC} = 90°$，$\angle\mathrm{BCA} = \angle\mathrm{ACD}$ であるとき，次の問いに答えよ。

(1)　$\angle\mathrm{BCA} = \theta$ とすると，$\triangle\mathrm{BCD}$ の面積が $4\sin\theta$ と表されることを示せ。

(2)　$\mathrm{CE} = 1$ のとき，CD の長さを求めよ。

【考え方のポイント】

$\triangle\mathrm{BCD}$ の面積を 2 通りで捉えます。(1) では $\triangle\mathrm{BCD} = \dfrac{1}{2}\mathrm{BC}\cdot\mathrm{CD}\sin 2\theta\ (= 4\sin\theta)$，(2) では $\triangle\mathrm{BCD} = \dfrac{1}{2}\mathrm{BC}\cdot\mathrm{CE}\sin\theta + \dfrac{1}{2}\mathrm{CD}\cdot\mathrm{CE}\sin\theta$ と表せ，これらを等式でつなぎます。

(1) **証明**

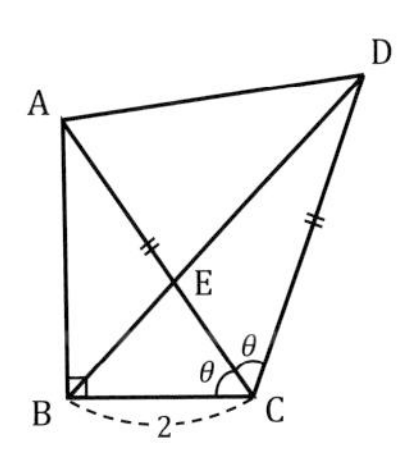

$\mathrm{CA}\cos\theta = \mathrm{BC}$ であるから　　$\mathrm{CD} = \mathrm{CA} = \dfrac{2}{\cos\theta}$

よって　　$\triangle\mathrm{BCD} = \dfrac{1}{2}\mathrm{BC}\cdot\mathrm{CD}\sin 2\theta$　　（※ 1）

$$= \frac{1}{2}\cdot 2\cdot\frac{2}{\cos\theta}\cdot 2\sin\theta\cos\theta \qquad (※2)$$

$$= 4\sin\theta$$ 終

(2) **解答**

$$\triangle\mathrm{BCD} = \triangle\mathrm{BCE} + \triangle\mathrm{DCE}$$

$$= \frac{1}{2}\mathrm{BC}\cdot\mathrm{CE}\sin\theta + \frac{1}{2}\mathrm{CD}\cdot\mathrm{CE}\sin\theta$$

$$= \frac{1}{2}\cdot 2\cdot 1\cdot\sin\theta + \frac{1}{2}\mathrm{CD}\cdot 1\cdot\sin\theta$$

$$= \frac{2+\mathrm{CD}}{2}\sin\theta$$

したがって (1) より　　$4\sin\theta = \dfrac{2+\mathrm{CD}}{2}\sin\theta$

ゆえに　　$\mathrm{CD} = 6$ 答

（※ 1）三角形の面積

$\triangle\mathrm{ABC}$（右図参照）の面積を S とすると

$$S = \frac{1}{2}bc\sin A = \frac{1}{2}ca\sin B = \frac{1}{2}ab\sin C$$

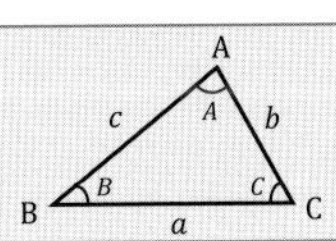

（※ 2）2 倍角の公式（正弦）

$$\sin 2\alpha = 2\sin\alpha\cos\alpha$$

問題 1.13　分野：三角関数／図形の性質

$\angle A = 90°$，$BC = 1$ である $\triangle ABC$ の内接円の半径を r とする。r の最大値を求めよ。

【考え方のポイント】

図形と関数の融合問題です。半径 r を何の関数とみなすかで解法が変わります。$\angle B$ か $\angle C$ を θ とおいて，r を θ の関数とみなすこともできますし，$\triangle ABC$ の面積を S とおいて，r を S の関数とみなすこともできます。

解答

$\angle B = \theta$ $(0° < \theta < 90°)$ とおくと　$CA = \sin\theta$，$AB = \cos\theta$

よって　$CA + AB = \sin\theta + \cos\theta$　……①

また，内接円が辺 AB，BC，CA と接する点をそれぞれ D，E，F とすると

$CA + AB = CF + FA + AD + DB = CE + r + r + EB = 2r + 1$　……②　（※1）

①，② より，$2r + 1 = \sin\theta + \cos\theta$　すなわち　$r = \dfrac{\sin\theta + \cos\theta - 1}{2}$

ゆえに　$r = \dfrac{\sqrt{2}\sin(\theta + 45°) - 1}{2}$　（※2）

$0° < \theta < 90°$ であるから　$45° < \theta + 45° < 135°$

したがって，$\theta + 45° = 90°$ すなわち $\theta = 45°$ のとき，r は最大値 $\dfrac{\sqrt{2} - 1}{2}$ をとる。答

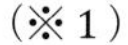
（※1）

右図のように，円に対してその外部の点 P から 2 本の接線を引き，接点を A, B とすると

$PA = PB$

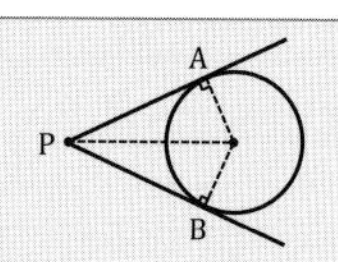

（※2）三角関数の合成

a，b は $(a, b) \neq (0, 0)$ を満たす実数とすると

$$a\sin\theta + b\cos\theta = \sqrt{a^2 + b^2}\sin(\theta + \alpha)$$

ただし　$\sin\alpha = \dfrac{b}{\sqrt{a^2 + b^2}}$，$\cos\alpha = \dfrac{a}{\sqrt{a^2 + b^2}}$

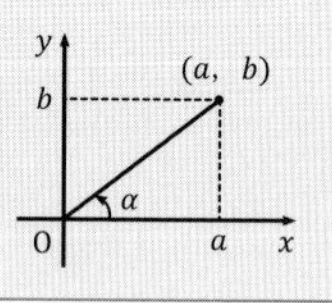

別解

内接円が辺 AB，BC，CA と接する点をそれぞれ D，E，F とすると

$AB + BC + CA = AD + DB + BC + CF + FA = r + EB + BC + CE + r = 2r + 2$

よって，$\triangle ABC$ の面積を S とすると

$$S=\frac{1}{2}(2r+2)r=r^2+r=\left(r+\frac{1}{2}\right)^2-\frac{1}{4}\qquad (※3)$$

ゆえに，$\left(r+\frac{1}{2}\right)^2=S+\frac{1}{4}$ より $r+\frac{1}{2}=\sqrt{S+\frac{1}{4}}$ であるから　$r=\sqrt{S+\frac{1}{4}}-\frac{1}{2}$

したがって，S が最大のとき r は最大値をとる。　(※4)

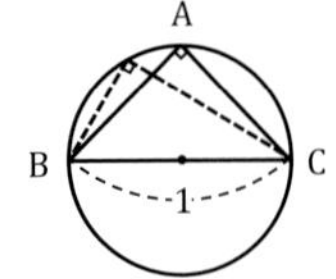

辺 BC を直径とする円の周上で点 A を動かすと，S が最大となるのは，
辺 BC を底辺として △ABC の高さが最大となるとき，
すなわち，△ABC が直角二等辺三角形のときである。(右図)

ゆえに S の最大値は $\frac{1}{4}$ であり，r の最大値は $\sqrt{\frac{1}{4}+\frac{1}{4}}-\frac{1}{2}=\frac{\sqrt{2}-1}{2}$　答

(※3)

> 3辺の長さが a，b，c である三角形について，
> 面積を S，内接円の半径を r とすると
> $$S=\frac{1}{2}(a+b+c)r$$

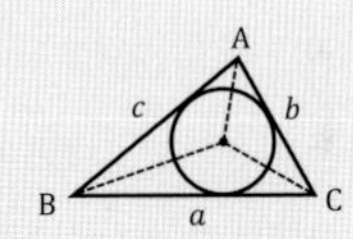

(※4)

r を S の関数とみなしましたが，S を r の関数とみなしても構いません。

2次関数 $S=r^2+r$ は区間 $r>0$ で単調に増加することから，S が最大のとき r も最大であることがわかります。

問題 1.14　分野：三角関数／図形と式

xy 平面において，円 $x^2+y^2-16x-12y=0$ を原点 O のまわりで $30°$ だけ回転させると円 $x^2+y^2+lx+my=0$ が得られるという。l，m の値を求めよ。

【考え方のポイント】

円を原点 O のまわりで回転させても円の半径は変わりませんから，円の中心がどの点に移るかを考えることになります。点の回転移動を扱うには，複素数平面（数学Ⅲ）を利用するか加法定理（数学Ⅱ）を使うのが有力です。

解答

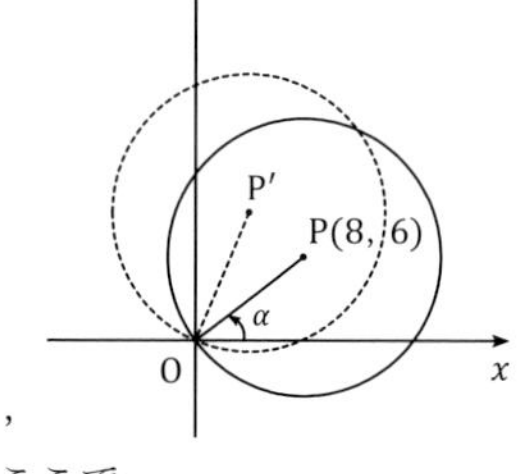

回転前の円の方程式を変形すると　$(x-8)^2+(y-6)^2=100$

これは，点 (8，6) を中心とする半径 10 の円を表す。

点 (8，6) を P とし，OP が x 軸の正の向きとなす角を α とすると，

$\mathrm{OP}=10$，$\cos\alpha=\dfrac{8}{10}=\dfrac{4}{5}$，$\sin\alpha=\dfrac{6}{10}=\dfrac{3}{5}$ であり，

点 P を原点 O のまわりで $30°$ だけ回転させて移る点を P′ とおくと，

点 P′ の座標は $\bigl(10\cos(\alpha+30°),\ 10\sin(\alpha+30°)\bigr)$ と表される。ここで，

$$\cos(\alpha+30°)=\cos\alpha\cos30°-\sin\alpha\sin30°=\frac{4}{5}\cdot\frac{\sqrt{3}}{2}-\frac{3}{5}\cdot\frac{1}{2}=\frac{-3+4\sqrt{3}}{10}$$

$$\sin(\alpha+30°)=\sin\alpha\cos30°+\cos\alpha\sin30°=\frac{3}{5}\cdot\frac{\sqrt{3}}{2}+\frac{4}{5}\cdot\frac{1}{2}=\frac{4+3\sqrt{3}}{10}\qquad(※1)$$

したがって，点 P′ の座標は $\bigl(-3+4\sqrt{3},\ 4+3\sqrt{3}\bigr)$　（※2）

回転させて得られる円は点 P′ を中心とする半径 10 の円であるから，その円の方程式は

$$\bigl(x+3-4\sqrt{3}\bigr)^2+\bigl(y-4-3\sqrt{3}\bigr)^2=100$$

すなわち　$x^2+y^2+\bigl(6-8\sqrt{3}\bigr)x+\bigl(-8-6\sqrt{3}\bigr)y=0$

よって　$l=6-8\sqrt{3}$，$m=-8-6\sqrt{3}$　答

（※1）正弦・余弦の加法定理

$$\sin(\alpha+\beta)=\sin\alpha\cos\beta+\cos\alpha\sin\beta$$
$$\sin(\alpha-\beta)=\sin\alpha\cos\beta-\cos\alpha\sin\beta$$
$$\cos(\alpha+\beta)=\cos\alpha\cos\beta-\sin\alpha\sin\beta$$
$$\cos(\alpha-\beta)=\cos\alpha\cos\beta+\sin\alpha\sin\beta$$

（※2）

点 P′ の座標は，加法定理を用いずに幾何的に求めても構いません。点 P′ から線分 OP に垂線を下ろし，直角三角形に着目して求めることができます。

問題 1.15　分野：三角関数／数列／複素数と方程式

次の問いに答えよ。

(1)　1ラジアンとはどのような角か述べよ。

(2)　すべての自然数 n に対して，等式 $(\cos 1 + i \sin 1)^n = \cos n + i \sin n$ が成立することを数学的帰納法によって証明せよ。ただし，i は虚数単位とする。

【考え方のポイント】

$P(n)$ を自然数 n に関する命題とすると，

[1]　$P(1)$ が成立する

[2]　$P(k)$ が成立するならば $P(k+1)$ も成立する（ただし k は自然数）

を示せば，$P(n)$ がすべての自然数 n について成立することが証明できたことになります。

(1) **解答**

半径1の円において，長さが1の弧に対する中心角の大きさを1ラジアンという。答　（※1）

（※1）

右図を参考にしてください。円において，その半径と等しい長さの弧に対する中心角の大きさを1ラジアンとしても構いません。

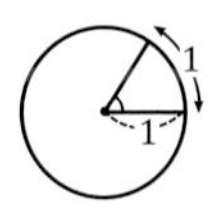

(2) **証明**

等式 $(\cos 1 + i \sin 1)^n = \cos n + i \sin n$ を①とする。

[1]　$n = 1$ のとき

(左辺) $= (\cos 1 + i \sin 1)^1 = \cos 1 + i \sin 1$

これは右辺に一致するから，①は成立する。

[2]　$n = k$（k は自然数）のとき①が成立すると仮定すると

$(\cos 1 + i \sin 1)^k = \cos k + i \sin k$

$n = k + 1$ のときを考えると

$$
\begin{aligned}
(\cos 1 + i \sin 1)^{k+1} &= (\cos 1 + i \sin 1)^k (\cos 1 + i \sin 1) \\
&= (\cos k + i \sin k)(\cos 1 + i \sin 1) \\
&= \cos k \cos 1 - \sin k \sin 1 + i(\sin k \cos 1 + \cos k \sin 1) \\
&= \cos(k+1) + i \sin(k+1) \quad \text{（正弦・余弦の加法定理を用いた）}
\end{aligned}
$$

よって，$n = k + 1$ のときにも①は成立する。

[1]，[2]より，すべての自然数 n について①は成立する。終

参考

すべての整数 n に対して，等式 $(\cos\theta + i \sin\theta)^n = \cos n\theta + i \sin n\theta$ が成立します。

これを **ド・モアブルの定理** といいます。（数学Ⅲ）

問題 1.16　**分野：集合と命題／三角関数**

θ に関する次の命題が真となるように，定数 a の値の範囲を定めよ。ただし，θ は $-\pi < \theta < \pi$ を満たす角とし，$a \neq 0$ とする。

$$\cos\theta + a\sin\theta = -1 \implies \tan\frac{\theta}{2} > \frac{1}{3}$$

【考え方のポイント】

命題「$\cos\theta + a\sin\theta = -1 \Rightarrow \tan\frac{\theta}{2} > \frac{1}{3}$」が真であるというのは，$\cos\theta + a\sin\theta = -1$ を満たすすべての θ に対して $\tan\frac{\theta}{2} > \frac{1}{3}$ が成立するということです。$\cos\theta + a\sin\theta = -1$ を $\tan\frac{\theta}{2}$ を用いて表せないかと考えます。とりあえず，θ を $2\cdot\frac{\theta}{2}$ として2倍角の公式を使ってみるとよいでしょう。

解答

$\cos\theta = \cos\left(2\cdot\frac{\theta}{2}\right) = 2\cos^2\frac{\theta}{2} - 1$，$\sin\theta = \sin\left(2\cdot\frac{\theta}{2}\right) = 2\sin\frac{\theta}{2}\cos\frac{\theta}{2}$ であるから，

$\cos\theta + a\sin\theta = -1$ を変形すると　（※1）

$2\cos^2\frac{\theta}{2} - 1 + 2a\sin\frac{\theta}{2}\cos\frac{\theta}{2} = -1$　すなわち　$\cos^2\frac{\theta}{2} + a\sin\frac{\theta}{2}\cos\frac{\theta}{2} = 0$

$-\pi < \theta < \pi$ より $\cos\frac{\theta}{2} \neq 0$ であるから，両辺を $\cos^2\frac{\theta}{2}$ で割って　$1 + a\tan\frac{\theta}{2} = 0$

ゆえに，$a \neq 0$ より　$\tan\frac{\theta}{2} = -\frac{1}{a}$

したがって，与えられた命題が真となるための条件は　$-\frac{1}{a} > \frac{1}{3}$　（※2）

両辺に $3a^2$ を掛けて整理すると　$a^2 + 3a < 0$

$a \neq 0$ のもとでこれを解いて　$-3 < a < 0$　答

（※1）

$\cos\theta$，$\sin\theta$ をそれぞれ $\tan\frac{\theta}{2}$ で表すと $\cos\theta = \dfrac{1 - \tan^2\frac{\theta}{2}}{1 + \tan^2\frac{\theta}{2}}$，$\sin\theta = \dfrac{2\tan\frac{\theta}{2}}{1 + \tan^2\frac{\theta}{2}}$ なので

これを代入してもよいでしょう。

（※2）

$\tan\frac{\theta}{2} = -\frac{1}{a}$ を満たす θ に対して $\tan\frac{\theta}{2} > \frac{1}{3}$ が成立するための条件は $-\frac{1}{a} > \frac{1}{3}$ です。

【補充問題2】（解答 p. 161）

$\boldsymbol{\sin\theta + \cos\theta = \frac{\sqrt{6}}{2}}$ **のとき，** $\boldsymbol{\tan\frac{\theta}{2}}$ **の値を求めよ。**

問題 1.17　分野：指数関数／2次関数／複素数と方程式

x の方程式 $9^x-(a^3+1)3^x+4a-3=0$ が異符号の2つの実数解をもつように，定数 a の値の範囲を定めよ。

【考え方のポイント】

$3^x=t$ とおくと，t の2次方程式のいわゆる「解の配置問題」になります。負の実数 x は $0<t<1$ の範囲にある t に対応し，正の実数 x は $t>1$ の範囲にある t に対応します。

解答

$3^x=t$ とおくと，$x<0$ のとき $0<t<1$，$x>0$ のとき $t>1$ であり，

与えられた方程式を変形すると　$t^2-(a^3+1)t+4a-3=0$

ここで $f(t)=t^2-(a^3+1)t+4a-3$ とおく。条件は，放物線 $y=f(t)$ が t 軸の $0<t<1$ の部分と $t>1$ の部分でそれぞれ共有点をもつこと，すなわち $f(0)>0$ …① かつ $f(1)<0$ …②

$f(0)=4a-3$ であるから，① より　$a>\dfrac{3}{4}$　……③

$f(1)=-a^3+4a-3$ であるから，② より　$a^3-4a+3>0$

左辺を因数分解すると　$(a-1)(a^2+a-3)>0$　……④　（※1）

$(a-1)(a^2+a-3)=0$ を解くと　$a=1,\ \dfrac{-1\pm\sqrt{13}}{2}$

$\alpha=\dfrac{-1-\sqrt{13}}{2}$，$\beta=\dfrac{-1+\sqrt{13}}{2}$ とすると，$\alpha<1<\beta$ であり，

④は $(a-\alpha)(a-1)(a-\beta)>0$ ……⑤ と表される。

$a\leqq\alpha$ のとき，$a-\alpha\leqq 0$，$a-1<0$，$a-\beta<0$ より，⑤を満たす a は存在しない。

$a>\alpha$ のとき，⑤は $(a-1)(a-\beta)>0$ と変形でき，これを解くと　$a<1$，$\beta<a$

ゆえに，⑤の解は　$\alpha<a<1$，$\beta<a$　（※2）

すなわち　$\dfrac{-1-\sqrt{13}}{2}<a<1$，$\dfrac{-1+\sqrt{13}}{2}<a$　……⑥

③かつ⑥より，求める a の値の範囲は　$\dfrac{3}{4}<a<1$，$\dfrac{-1+\sqrt{13}}{2}<a$　答

（※1）因数定理

> 「1次式 $x-a$ が多項式 $P(x)$ の因数である」 $\Leftrightarrow$ $P(a)=0$

$P(a)=a^3-4a+3$ とおくと，$P(1)=0$ であり，$P(a)$ は $a-1$ を因数にもちます。

（※2）

$y=(a-\alpha)(a-1)(a-\beta)$ のグラフ（右図参照）において，$y>0$ となる a の値の範囲を読み取ってもよいでしょう。

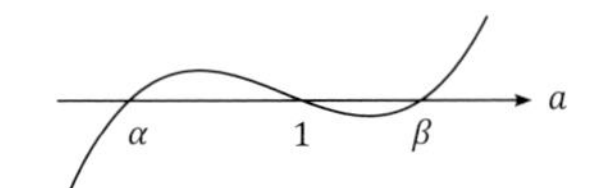

問題 1.18	分野：指数関数／2次関数／式と証明

関数 $y=3(9^x+9^{-x})-20(3^x+3^{-x})+11$ の最小値とそのときの x の値を求めよ。

【考え方のポイント】

$3^x+3^{-x}=t$ とおくと，9^x+9^{-x} が t の式で表され，y は t の2次関数となります。t の範囲は相加平均と相乗平均の関係から求まります。

解答

$3^x+3^{-x}=t$ とおくと，$3^x>0$，$3^{-x}>0$ であるから，

相加平均と相乗平均の関係により　（※1）

$$t \geqq 2\sqrt{3^x \cdot 3^{-x}}=2$$

ただし，等号が成立するのは，$3^x=3^{-x}$ すなわち $x=0$ のときである。　（※2）

$9^x+9^{-x}=(3^x+3^{-x})^2-2=t^2-2$ であるから，与えられた関数を変形すると

$$y=3(t^2-2)-20t+11=3t^2-20t+5=3\left(t-\frac{10}{3}\right)^2-\frac{85}{3}$$

よって，この関数のグラフは右図のようになる。

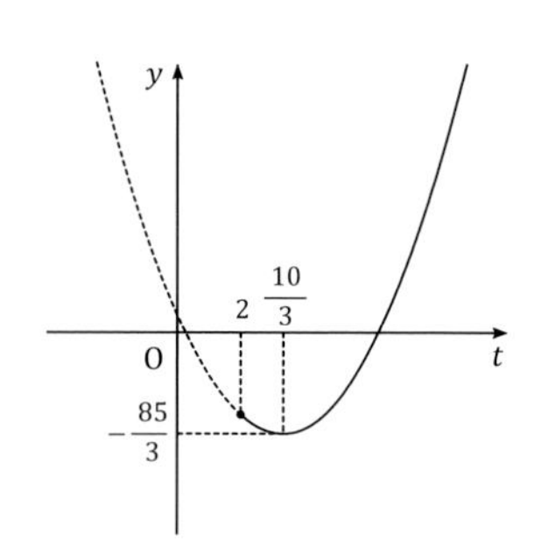

したがって，y は $t=\frac{10}{3}$ のとき最小値 $-\frac{85}{3}$ をとる。答

次に，$t=\frac{10}{3}$ のときの x の値を求める。

すなわち，方程式 $3^x+3^{-x}=\frac{10}{3}$ を解く。

$3^x=a\ (a>0)$ とおくと　$a+\frac{1}{a}=\frac{10}{3}$

分母を払って整理すると　$3a^2-10a+3=0$

ゆえに $(a-3)(3a-1)=0$ より　$a=3,\ \frac{1}{3}$

これらは $a>0$ を満たす。

したがって，$3^x=3,\ \frac{1}{3}$ より　$x=\pm 1$　答

（※1）相加平均と相乗平均の関係

> $a>0$，$b>0$ のとき　$\frac{a+b}{2} \geqq \sqrt{ab}$　すなわち　$a+b \geqq 2\sqrt{ab}$
> ただし，等号が成立するのは $a=b$ のとき

（※2）

$3^x=3^{-x}$ を変形すると　$(3^x)^2=1$

ゆえに，$3^x>0$ より $3^x=1$ となって，$x=0$ が得られます。

問題 1.19　分野：対数関数／2次関数／図形と式

正の実数 x，y が不等式 $\log_2 x^3y \geqq (\log_2 x)^2$ を満たすとき，xy のとりうる値の範囲を求めよ。

【考え方のポイント】

xy もしくは $\log_2 xy$ を k などとおくのがコツです。$\log_2 x$ や $\log_2 y$ も，X や Y などの文字でおくと考えやすくなるでしょう。

解答

$\log_2 xy = k$ とおいて，まず k のとりうる値の範囲を求める。

$k = \log_2 x + \log_2 y$ であり，$\log_2 x = X$，$\log_2 y = Y$（X，Y は実数）とおくと

$$k = X + Y \quad \text{すなわち} \quad Y = -X + k \quad \cdots\cdots ①$$

与えられた不等式を変形すると，$3\log_2 x + \log_2 y \geqq (\log_2 x)^2$ より　$3X + Y \geqq X^2$

すなわち　$Y \geqq \left(X - \dfrac{3}{2}\right)^2 - \dfrac{9}{4}$　$\cdots\cdots ②$

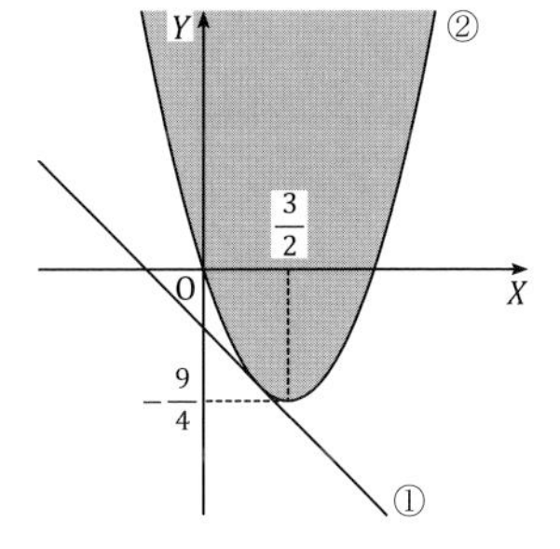

したがって，XY 平面において，直線①と，②で表される領域（右図の網目部分，境界線を含む）が共有点をもつような k の値の範囲を求めればよい。

k の値が最小，すなわち，直線①の Y 切片が最小となるのは，右図のように，直線①が放物線 $Y = X^2 - 3X$ に1点で接するときであり，その k の値は，

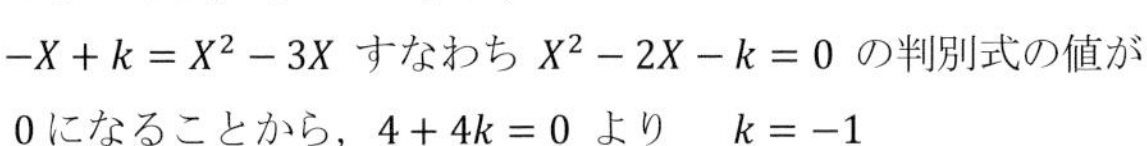

$-X + k = X^2 - 3X$ すなわち $X^2 - 2X - k = 0$ の判別式の値が0になることから，$4 + 4k = 0$ より　$k = -1$

よって，k のとりうる値の範囲は，右図から　$k \geqq -1$

ゆえに，$\log_2 xy \geqq -1$ を変形して，求める値の範囲は　$xy \geqq \dfrac{1}{2}$　答

別解

k は正の実数として，k が求める値の範囲に属するための条件は，

$\log_2 x^3y \geqq (\log_2 x)^2$ $\cdots ③$ かつ $xy = k$ $\cdots ④$ を満たす正の実数 x，y が存在することである。

④を③に代入して整理すると，$\log_2 kx^2 \geqq (\log_2 x)^2$ より　$(\log_2 x)^2 - 2\log_2 x - \log_2 k \leqq 0$

ここで $\log_2 x = X$ $\cdots ⑤$ とおくと　$X^2 - 2X - \log_2 k \leqq 0$ $\cdots ⑥$

⑥を満たす実数 X が存在するための k の条件を求めればよい。この条件のもとでは，⑤より正の実数 x は存在し，④より正の実数 y も存在する。

$X^2 - 2X - \log_2 k = 0$ の判別式を D とすると，条件は $D \geqq 0$ すなわち $4 + 4\log_2 k \geqq 0$

したがって，$k \geqq \dfrac{1}{2}$ より，求める値の範囲は　$xy \geqq \dfrac{1}{2}$　答

問題 1.20　分野：指数関数／対数関数／複素数と方程式

方程式 $16^x-5\cdot 8^x+2\cdot 4^x-5\cdot 2^x+1=0$ を解け。

【考え方のポイント】

$ax^4+bx^3+cx^2+bx+a=0\ (a\neq 0)$ のように，係数が左右対称になっている方程式を **相反方程式** といいます。x の 4 次相反方程式は，両辺を x^2 で割って（ただし $x\neq 0$ を確認），$\left(x+\dfrac{1}{x}\right)$ についての 2 次方程式に変形できます。

解答

$2^x=t$ とおくと，$t>0$ であり，与えられた方程式を変形すると

$$t^4-5t^3+2t^2-5t+1=0$$

両辺を t^2 で割ると　$t^2-5t+2-\dfrac{5}{t}+\dfrac{1}{t^2}=0$

項を並べ替えて　$\left(t^2+\dfrac{1}{t^2}\right)-5\left(t+\dfrac{1}{t}\right)+2=0$

したがって　$\left(t+\dfrac{1}{t}\right)^2-5\left(t+\dfrac{1}{t}\right)=0$

左辺を因数分解して　$\left(t+\dfrac{1}{t}\right)\left(t+\dfrac{1}{t}-5\right)=0$

$t>0$，$\dfrac{1}{t}>0$ より　$t+\dfrac{1}{t}\neq 0$　（※１）

ゆえに　$t+\dfrac{1}{t}-5=0$

両辺に t を掛けて　$t^2-5t+1=0$

よって　$t=\dfrac{5\pm\sqrt{21}}{2}$

これは $t>0$ を満たす。

したがって，$2^x=\dfrac{5\pm\sqrt{21}}{2}$ より　$x=\log_2\dfrac{5\pm\sqrt{21}}{2}$

すなわち　$x=\log_2(5\pm\sqrt{21})-1$　答

（※１）

$t+\dfrac{1}{t}$ の最小値については，相加平均と相乗平均の関係を用いれば，

$t+\dfrac{1}{t}\geqq 2\sqrt{t\cdot\dfrac{1}{t}}=2$　（等号成立は $t=1$ のとき）　とわかります。

【補充問題３】（解答 p. 162）

方程式 $x^5+5x^4-2x^3-2x^2+5x+1=0$ を解け。

問題 1.21　分野：微分法／式と証明

導関数の定義に従って，関数 $y = x^5$ を微分せよ。

【考え方のポイント】

導関数の定義は（※１）に記しますが， $f'(x) = \lim_{\Delta x \to 0} \frac{\Delta y}{\Delta x}$ と理解すれば覚えやすいかもしれません。x の増分 $\Delta x = h$ に対して，y の増分が $\Delta y = f(x+h) - f(x)$ です。$(x+h)^5$ を二項定理により展開し，分数を約分できれば，$\frac{0}{0}$ という不定形の極限が解消されます。

解答

関数 $y = x^5$ を微分すると

$$
\begin{aligned}
y' &= \lim_{h \to 0} \frac{(x+h)^5 - x^5}{h} \quad （※１） \\
&= \lim_{h \to 0} \frac{({}_5C_0 x^5 + {}_5C_1 x^4 h + {}_5C_2 x^3 h^2 + {}_5C_3 x^2 h^3 + {}_5C_4 x h^4 + {}_5C_5 h^5) - x^5}{h} \\
&= \lim_{h \to 0} \frac{(x^5 + 5x^4 h + 10x^3 h^2 + 10x^2 h^3 + 5xh^4 + h^5) - x^5}{h} \\
&= \lim_{h \to 0} (5x^4 + 10x^3 h + 10x^2 h^2 + 5xh^3 + h^4) \\
&= 5x^4 \quad \boxed{答} \quad （※２）
\end{aligned}
$$

（※１）導関数の定義

関数 $f(x)$ に対して $f'(x) = \lim_{h \to 0} \frac{f(x+h) - f(x)}{h}$ を $f(x)$ の **導関数** といい，
関数 $f(x)$ から導関数 $f'(x)$ を求めることを，$f(x)$ を **微分する** といいます。

（※２）導関数の公式

問題文に「導関数の定義に従って」などという指示がなければ，次の公式を用いて構いません。

$y = x^n$ の導関数は　$y' = nx^{n-1}$　（n は自然数）

ちなみに，数学Ⅲの範囲では次の公式が存在します。

$y = x^\alpha$ の導関数は　$y' = \alpha x^{\alpha - 1}$　（α は実数）

【補充問題４】（解答 p. 163）

$\lim_{x \to 1} \frac{x^3 + ax^2 - 3bx + b}{x - 1} = \frac{5}{4}$ であるとき，定数 a，b の値を求めよ。

問題 1.22　分野：図形と式／極限

座標平面において，$0 \leqq a \leqq 10$ を満たす実数 a に対して 2 点 A $(a,\ a)$, A$'$ $(10+a,\ 10-a)$ をとる。また，$0 \leqq b \leqq 10$ かつ $a \neq b$ を満たす実数 b に対して 2 点 B $(b,\ b)$，B$'$ $(10+b,\ 10-b)$ をとる。このとき，次の問いに答えよ。

(1)　直線 AA$'$ と直線 BB$'$ の交点 P の座標を a，b を用いて表せ。

(2)　b を限りなく a に近づけるとき，(1) の交点 P が限りなく近づく点を Q とする。点 Q はどのような図形上にあるか。

【考え方のポイント】

(1) の交点 P の座標を $(x_p,\ y_p)$ とおくと，点 Q の座標は $\left(\lim_{b\to a} x_p,\ \lim_{b\to a} y_p\right)$ と表されます。点 Q の座標が a を用いて表せたら，その後は典型的な軌跡の問題になります。

---

(1) **解答**

直線 AA$'$ の方程式は　$y-a=\dfrac{(10-a)-a}{(10+a)-a}(x-a)$　すなわち　$y=\left(1-\dfrac{1}{5}a\right)x+\dfrac{1}{5}a^2$

直線 BB$'$ の方程式は，同様に　$y=\left(1-\dfrac{1}{5}b\right)x+\dfrac{1}{5}b^2$

よって，直線 AA$'$ と直線 BB$'$ の交点 P の x 座標は，

方程式　$\left(1-\dfrac{1}{5}a\right)x+\dfrac{1}{5}a^2=\left(1-\dfrac{1}{5}b\right)x+\dfrac{1}{5}b^2$　を解いて　$x=\dfrac{b^2-a^2}{b-a}=a+b$

交点 P の y 座標は　$y=\left(1-\dfrac{1}{5}a\right)(a+b)+\dfrac{1}{5}a^2=a+b-\dfrac{1}{5}ab$

したがって，交点 P の座標は　$\left(a+b,\ a+b-\dfrac{1}{5}ab\right)$　答

(2) **解答**

$\lim_{b\to a}(a+b)=2a$，$\lim_{b\to a}\left(a+b-\dfrac{1}{5}ab\right)=2a-\dfrac{1}{5}a^2$　であるから，

点 Q の座標は　$\left(2a,\ 2a-\dfrac{1}{5}a^2\right)$

点 $(x,\ y)$ が求める点 Q の存在範囲に属するための条件は，

$x=2a$ ……①　かつ　$y=2a-\dfrac{1}{5}a^2$ ……②　かつ　$0 \leqq a \leqq 10$ ……③

を満たす実数 a が存在することである。

① より　$a=\dfrac{x}{2}$ ……①$'$　であり，これを ②，③ に代入して整理すると

$y=-\dfrac{1}{20}x^2+x$ ……②$'$，　$0 \leqq x \leqq 20$ ……③$'$

②$'$ かつ ③$'$ を満たす任意の点 $(x,\ y)$ に対して，①$'$ より実数 a は存在する。

したがって，点 Q の存在範囲は，放物線 $y=-\dfrac{1}{20}x^2+x$ の $0 \leqq x \leqq 20$ の部分である。答

問題 1.23　**分野：微分法／図形と式**

実数 a に対して関数 $f(x)=x^3+ax^2-4x-2a$ を考える。

(1)　関数 $f(x)$ は極値をもつことを示せ。

(2)　関数 $f(x)$ が $x=\alpha$ で極大値をとり，$x=\beta$ で極小値をとるとする。関数 $f(x)$ のグラフは点 M $\left(\frac{\alpha+\beta}{2},\ f\left(\frac{\alpha+\beta}{2}\right)\right)$ に関して点対称であることを示せ。

(3)　a が実数全体を変化するとき，点 M の軌跡を求め，図示せよ。

【考え方のポイント】

(1) では，微分可能な関数 $f(x)$ について

「$f(x)$ が極値をもつ」$\Leftrightarrow$「$f'(\alpha)=0$ を満たし，$x=\alpha$ の前後で $f'(x)$ の符号が変化するような実数 α が存在する」

が基本的な考え方ですが，$f(x)$ が 3 次関数の場合，

「$f(x)$ が極値をもつ」$\Leftrightarrow$「2 次方程式 $f'(x)=0$ が異なる 2 つの実数解をもつ」

が成立します。「問題 3.19」は，$f(x)$ が 4 次関数の場合の関連問題です。

(2)，(3) では，点 M の座標を a で表してから考えます。

(1) **証明**

$f'(x)=3x^2+2ax-4$

$f'(x)=0$ すなわち $3x^2+2ax-4=0$ ……① の判別式を D とすると，

$\frac{D}{4}=a^2+12$ より，$D>0$ が成立する。ゆえに，① は異なる 2 つの実数解をもつ。

$f'(x)$ は 2 次関数であるから，右図のように，

それぞれの実数解の前後で $f'(x)$ の符号は変化する。

したがって，関数 $f(x)$ は極値をもつことが示された。終

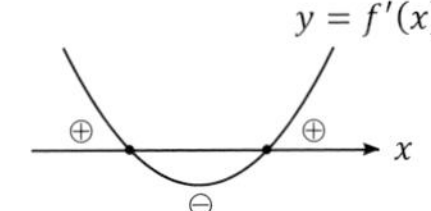

(2) **証明**

α，β は ① の 2 解であるから，解と係数の関係により　（※1）

$$\alpha+\beta=-\frac{2}{3}a \quad (※2)$$

よって　$\frac{\alpha+\beta}{2}=-\frac{a}{3}$，$f\left(\frac{\alpha+\beta}{2}\right)=f\left(-\frac{a}{3}\right)=\frac{2}{27}a^3-\frac{2}{3}a$

ゆえに，点 M の座標は　$\left(-\frac{a}{3},\ \frac{2}{27}a^3-\frac{2}{3}a\right)$　（※3）

ここで，$y=f(x)$ のグラフを，点 M が原点に移るよう，

x 軸方向に $\frac{a}{3}$，y 軸方向に $-\frac{2}{27}a^3+\frac{2}{3}a$ だけ平行移動する。　（※4）

移動した曲線の方程式は　$y-\left(-\frac{2}{27}a^3+\frac{2}{3}a\right)=\left(x-\frac{a}{3}\right)^3+a\left(x-\frac{a}{3}\right)^2-4\left(x-\frac{a}{3}\right)-2a$

これを整理すると　$y=x^3-\left(\frac{a^2}{3}+4\right)x$ ……②

$g(x)=x^3-\left(\dfrac{a^2}{3}+4\right)x$ とおくと $g(-x)=-g(x)$ であるから，曲線②は原点に関して点対称である。したがって，関数 $f(x)$ のグラフは点Mに関して点対称である。 終

（※1）解と係数の関係

> 2次方程式 $ax^2+bx+c=0$ の2解を α，β とすると
> $$\alpha+\beta=-\frac{b}{a},\quad \alpha\beta=\frac{c}{a}$$

（※2）

①を解くと $x=\dfrac{-a\pm\sqrt{a^2+12}}{3}$ なので，

$\alpha+\beta=\dfrac{-a-\sqrt{a^2+12}}{3}+\dfrac{-a+\sqrt{a^2+12}}{3}=-\dfrac{2}{3}a$ と計算しても構いません。

（※3）

点Mは **変曲点** と呼ばれます。(数学Ⅲ)

（※4）

平行移動せずに，例えば，すべての実数 t に対して

$$\frac{1}{2}\left\{f\left(-\frac{a}{3}+t\right)+f\left(-\frac{a}{3}-t\right)\right\}=f\left(-\frac{a}{3}\right)$$

が成立することを示すような答案も考えられます。

(2) **別解**

α，β は①の2解であるから，解と係数の関係により　$\alpha+\beta=-\dfrac{2}{3}a$

よって　$\dfrac{\alpha+\beta}{2}=-\dfrac{a}{3}$，$f\left(\dfrac{\alpha+\beta}{2}\right)=f\left(-\dfrac{a}{3}\right)=\dfrac{2}{27}a^3-\dfrac{2}{3}a$

ゆえに，点Mの座標は　$\left(-\dfrac{a}{3},\ \dfrac{2}{27}a^3-\dfrac{2}{3}a\right)$

ここで，関数 $f(x)$ のグラフを点Mに関して対称移動して得られる図形を W とおく。

点 $(X,\ Y)$ が図形 W に属するための条件は，

$\dfrac{x+X}{2}=-\dfrac{a}{3}$ …③ かつ $\dfrac{y+Y}{2}=\dfrac{2}{27}a^3-\dfrac{2}{3}a$ …④ かつ $y=x^3+ax^2-4x-2a$ …⑤

を満たす点 $(x,\ y)$ が存在することである。

③より　$x=-X-\dfrac{2}{3}a$ …③′，また，④より　$y=-Y+\dfrac{4}{27}a^3-\dfrac{4}{3}a$ …④′

③′，④′を⑤に代入すると

$$-Y+\frac{4}{27}a^3-\frac{4}{3}a=\left(-X-\frac{2}{3}a\right)^3+a\left(-X-\frac{2}{3}a\right)^2-4\left(-X-\frac{2}{3}a\right)-2a$$

これを整理すると　$Y=X^3+aX^2-4X-2a$ …⑥

⑥を満たす任意の点 $(X,\ Y)$ に対して，③′，④′ より点 $(x,\ y)$ は存在する。
したがって，図形 W は 曲線 $y = x^3 + ax^2 - 4x - 2a$ であり，これは関数 $f(x)$ のグラフに一致する。ゆえに，関数 $f(x)$ のグラフは点 M に関して点対称である。終

(3) **解答**

点 $(x,\ y)$ が求める点 M の軌跡に属するための条件は，

$$x = -\frac{a}{3} \quad \cdots\cdots ⑦ \quad かつ \quad y = \frac{2}{27}a^3 - \frac{2}{3}a \quad \cdots\cdots ⑧$$

を満たす実数 a が存在することである。
⑦より　$a = -3x$　……⑦′
⑦′を⑧に代入して整理すると　$y = -2x^3 + 2x$　……⑨
⑨を満たす任意の点 $(x,\ y)$ に対して，⑦′ より実数 a は存在する。
したがって，点 M の軌跡は　曲線 $y = -2x^3 + 2x$　答
この式を微分すると

$$y' = -6x^2 + 2 = -6\left(x^2 - \frac{1}{3}\right) = -6\left(x + \frac{\sqrt{3}}{3}\right)\left(x - \frac{\sqrt{3}}{3}\right)$$

$$y' = 0 \text{ とすると} \quad x = \pm\frac{\sqrt{3}}{3}$$

よって，次の増減表を得る。

x	……	$-\frac{\sqrt{3}}{3}$	……	$\frac{\sqrt{3}}{3}$	……
y'	$-$	0	$+$	0	$-$
y	↘	$-\frac{4\sqrt{3}}{9}$	↗	$\frac{4\sqrt{3}}{9}$	↘

ゆえに，曲線 $y = -2x^3 + 2x$ は次図のようになる。

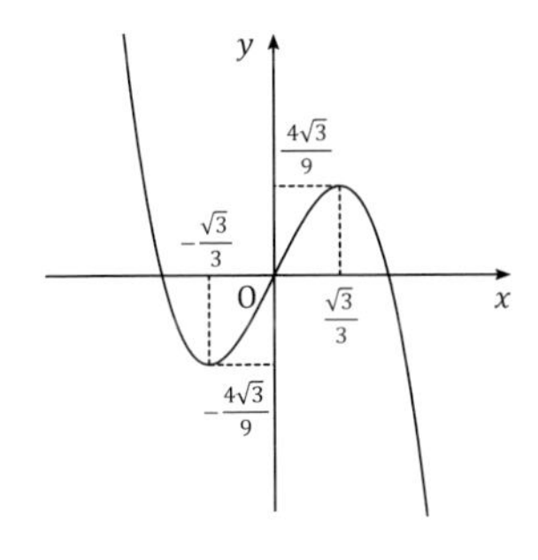

答

問題 1.24　分野：対数関数／微分法

関数 $y=8^{\log_2(x-1)}-2^{\log_{\sqrt{2}}(x+3)}$ の最小値を求めよ。

【考え方のポイント】

とくに断りがないので，関数の定義域は，y の値が定まるような実数 x の全体と考えます。関数の式を簡単にすると 3 次関数の最小値問題に帰着します。

解答

対数の真数は正の数であるから

$x-1>0$ かつ $x+3>0$ より　$x>1$　（※１）

与えられた関数を変形すると

$$
\begin{aligned}
y &= 2^{3\log_2(x-1)}-2^{\frac{\log_2(x+3)}{\log_2\sqrt{2}}} \\
&= 2^{3\log_2(x-1)}-2^{2\log_2(x+3)} \\
&= 2^{\log_2(x-1)^3}-2^{\log_2(x+3)^2} \\
&= (x-1)^3-(x+3)^2 \quad (※2) \\
&= x^3-3x^2+3x-1-(x^2+6x+9) \\
&= x^3-4x^2-3x-10
\end{aligned}
$$

ゆえに　$y'=3x^2-8x-3=(3x+1)(x-3)$

$x>1$ であるから，$y'=0$ とすると　$x=3$

よって，次の増減表を得る。

x	(1)	……	3	……
y'		$-$	0	$+$
y		↘	-28	↗

したがって，y は $x=3$ で最小値 -28 をとる。答

（※１）

与えられた関数の定義域が $x>1$ ということです。

（※２）

> a は 1 でない正の数，M は正の数とすると
>
> $a^{\log_a M}=M$

$\log_a M=t$ とおくと，$a^t=M$ より $a^{\log_a M}=a^t=M$ が成立します。

問題 1.25	分野：指数関数／対数関数／微分法

x の方程式 $4^x - 8^x - 2^a = 0$ が異なる 2 つの実数解をもつように，定数 a の値の範囲を定めよ。

【考え方のポイント】

$2^x = t$ とおくと，与えられた方程式は t の 3 次方程式に変わります。a は定数ですから 2^a も定数で，この項を分離すると考えやすくなるでしょう。

解答

$2^x = t$ とおくと，$t > 0$ であり，

与えられた方程式を変形すると　$t^2 - t^3 = 2^a$

ty 平面の $t > 0$ の範囲において，曲線 $y = t^2 - t^3$ …① と直線 $y = 2^a$ が異なる 2 つの共有点をもつような定数 a の値の範囲を求めればよい。　（※1）

$t > 0$ の範囲で曲線①について調べる。

$$y' = 2t - 3t^2 = t(2 - 3t)$$

$y' = 0$ とすると　$t = \dfrac{2}{3}$

よって，次の増減表と右図を得る。

t	(0)	……	$\frac{2}{3}$	……
y'		$+$	0	$-$
y	(0)	↗	$\frac{4}{27}$	↘

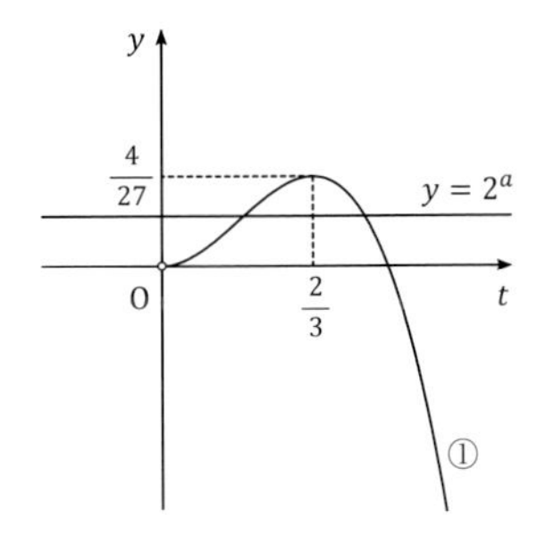

したがって，a についての条件は　$0 < 2^a < \dfrac{4}{27}$

$0 < 2^a$ は自明であるから　$2^a < \dfrac{4}{27}$

底 2 は 1 より大きいから　$a < \log_2 \dfrac{4}{27}$

ここで　$\log_2 \dfrac{4}{27} = \log_2 4 - \log_2 27 = 2 - 3\log_2 3$

ゆえに，求める a の値の範囲は　$a < 2 - 3\log_2 3$　答

（※1）

t の 3 次方程式 $t^2 - t^3 = 2^a$ の実数解は，曲線 $y = t^2 - t^3$ と直線 $y = 2^a$ の共有点の t 座標に等しい，と考えます。異なる 2 つの正の実数 t が存在すれば，$2^x = t$ より，異なる 2 つの実数 x が存在します。

問題 1.26　分野：集合と命題／2次関数／積分法

a, b は実数とする。次の2つの条件 p, q は同値であることを証明せよ。

p：放物線 $y=x^2+9$ と直線 $y=ax+b$ はただ1点を共有する

q：放物線 $y=x^2$ と直線 $y=ax+b$ によって囲まれる部分が存在し，その面積は36である

【考え方のポイント】

p, q は実数 a, b に関する条件（実数 a, b の値に応じて真か偽かが決まる文）です。p と q が同値であること，すなわち $p \Leftrightarrow q$ を証明したいとき，$p \Rightarrow q$ と $p \Leftarrow q$ に分けてそれぞれを証明する手法はよく用いられますが，本問の場合，$p \Leftrightarrow r$ かつ $q \Leftrightarrow r$ となるような実数 a, b に関する条件 r を導くのが易しいでしょう。

証明

条件 p, q をそれぞれ同値な条件に変形する。

[1]　条件 p について

放物線 $y=x^2+9$ と直線 $y=ax+b$ の共有点の x 座標を求める方程式は

$x^2+9=ax+b$　すなわち　$x^2-ax-b+9=0$　……①

① の判別式を D_1 とすると　$D_1=(-a)^2-4\cdot1\cdot(-b+9)=a^2+4b-36$

ゆえに，$D_1=0$ より　$a^2+4b-36=0$

[2]　条件 q について

放物線 $y=x^2$ と直線 $y=ax+b$ によって囲まれる部分が存在するとき，その放物線と直線は異なる2点で交わる。その2点の x 座標を求める方程式は

$x^2=ax+b$　すなわち　$x^2-ax-b=0$　……②

② の判別式を D_2 とすると　$D_2=(-a)^2-4\cdot1\cdot(-b)=a^2+4b$

ゆえに，$D_2>0$ より　$a^2+4b>0$　……③

囲まれる部分の面積を S として，③ のもとで $S=36$ となるための条件を考える。

② を解くと $x=\dfrac{a\pm\sqrt{D_2}}{2}$ であり，この2解を α, β $(\alpha<\beta)$ とおく。

閉区間 $[\alpha,\ \beta]$ において常に $ax+b \geqq x^2$ であるから

$$S=\int_\alpha^\beta (ax+b-x^2)\,dx=-\int_\alpha^\beta (x-\alpha)(x-\beta)\,dx=-\left(-\frac{1}{6}\right)(\beta-\alpha)^3$$

$$=\frac{1}{6}\left(\frac{a+\sqrt{D_2}}{2}-\frac{a-\sqrt{D_2}}{2}\right)^3=\frac{1}{6}\left(\sqrt{D_2}\right)^3$$

よって，$S=36$ のとき $\left(\sqrt{D_2}\right)^3=6^3$ より $D_2=36$ であるから　$a^2+4b-36=0$

[1], [2] より，実数 a, b に対して $p \Leftrightarrow a^2+4b-36=0$，$q \Leftrightarrow a^2+4b-36=0$ であるから，条件 p, q は同値であることが証明された。終

問題 1.27　分野：ベクトル／2次関数

$\vec{a}=(2,\ 1)$，$\vec{b}=(1,\ 3)$，$\vec{c}=(-3,\ 2)$ とする。実数 s，t が条件 $0 \leqq s \leqq 4$ かつ $0 \leqq t \leqq 3$ を満たして変化するとき，$\left|s\vec{a}+t\vec{b}+\vec{c}\right|$ の最大値と最小値を求めよ。

【考え方のポイント】

$s\vec{a}+t\vec{b}+\vec{c}$ を成分表示すると $(2s+t-3,\ s+3t+2)$ ですから，

$$\left|s\vec{a}+t\vec{b}+\vec{c}\right|^2=(2s+t-3)^2+(s+3t+2)^2=5s^2+10st+10t^2-8s+6t+13$$

の最大値，最小値を考えるのは自然な発想ですが（別解），2変数関数のため，式処理が煩雑になってしまいます。$s\vec{a}+t\vec{b}+\vec{c}=\vec{p}$ とし，座標平面上で点 $\mathrm{P}(\vec{p})$ の存在範囲を考察すると，容易に答えが導けます。

解答

座標平面において点Pを，原点Oに関する位置ベクトル $\vec{p}$ が $\vec{p}=s\vec{a}+t\vec{b}+\vec{c}$ となるようにとる。

$s=k$（$0 \leqq k \leqq 4$）と固定すると　$\vec{p}=\vec{c}+k\vec{a}+t\vec{b}$　……①

$\vec{c}+k\vec{a}=\overrightarrow{\mathrm{OQ}}$ とおくと，①で定まる点Pの存在範囲は，点Qを通り，方向ベクトルが $\vec{b}$ である直線のうち，$0 \leqq t \leqq 3$ の範囲の線分である。

k を $0 \leqq k \leqq 4$ の範囲で変化させて点Qを動かすと，点Pの存在範囲は右図の網目部分（境界線を含む）となる。

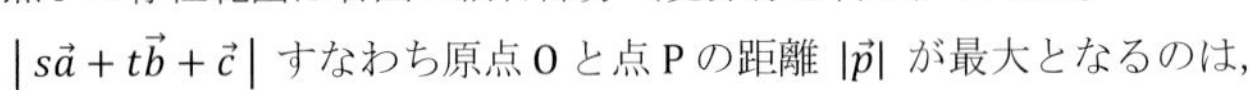

$\left|s\vec{a}+t\vec{b}+\vec{c}\right|$ すなわち原点Oと点Pの距離 $|\vec{p}|$ が最大となるのは，右図から $\vec{p}=(8,\ 15)$ のときであり，このとき　$|\vec{p}|=\sqrt{8^2+15^2}=17$

$\left|s\vec{a}+t\vec{b}+\vec{c}\right|$ すなわち原点Oと点Pの距離 $|\vec{p}|$ が最小となるのは，右図から $t=0$ の場合に限られる。このとき　（※1）

$$\vec{p}=s\vec{a}+\vec{c}=s(2,\ 1)+(-3,\ 2)=(2s-3,\ s+2)$$

$$|\vec{p}|=\sqrt{(2s-3)^2+(s+2)^2}=\sqrt{5s^2-8s+13}=\sqrt{5\left(s-\frac{4}{5}\right)^2+\frac{49}{5}}$$

よって，$|\vec{p}|$ は $s=\dfrac{4}{5}$ で最小値 $\sqrt{\dfrac{49}{5}}$ すなわち $\dfrac{7\sqrt{5}}{5}$ をとる。

したがって，$\left|s\vec{a}+t\vec{b}+\vec{c}\right|$ の最大値は17，最小値は $\dfrac{7\sqrt{5}}{5}$　答

（※1）

原点Oとの距離が最小となる点Pは2点 $(-3,\ 2)$，$(5,\ 6)$ を結ぶ線分上に存在します。

2点 $(-3,\ 2)$，$(5,\ 6)$ を通る直線に原点Oから垂線を下ろして考えてもよいでしょう。

別解

$$s\vec{a}+t\vec{b}+\vec{c}=s(2,\ 1)+t(1,\ 3)+(-3,\ 2)=(2s+t-3,\ s+3t+2)$$

であるから，$y=\left|s\vec{a}+t\vec{b}+\vec{c}\right|^2$ とおくと

$$\begin{aligned}y&=(2s+t-3)^2+(s+3t+2)^2\\&=5s^2+10st+10t^2-8s+6t+13\\&=10t^2+(10s+6)t+5s^2-8s+13\\&=10\left(t+\frac{5s+3}{10}\right)^2+\frac{1}{10}(25s^2-110s+121)\qquad(※2)\\&=10\left(t+\frac{5s+3}{10}\right)^2+\frac{1}{10}(5s-11)^2\end{aligned}$$

$0\leqq s\leqq 4$ より $-\dfrac{5s+3}{10}<0$ である。（※3）

まず，y の最大値を求める。

s を固定すると，y は $t=3$ で最大値 $5s^2+22s+121$ ……② をとり，

s の固定をはずすと，②は $s=4$ で最大値 289 をとる。

次に，y の最小値を求める。

s を固定すると，y は $t=0$ で最小値 $5s^2-8s+13$ ……③ をとり，

s の固定をはずすと，③すなわち $5\left(s-\dfrac{4}{5}\right)^2+\dfrac{49}{5}$ は $s=\dfrac{4}{5}$ で最小値 $\dfrac{49}{5}$ をとる。

したがって，$\left|s\vec{a}+t\vec{b}+\vec{c}\right|$ の最大値は $\sqrt{289}=17$，最小値は $\sqrt{\dfrac{49}{5}}=\dfrac{7\sqrt{5}}{5}$ 答

（※2）

t について平方完成しました。次に $\dfrac{1}{10}(25s^2-110s+121)$ を s について平方完成します。

順序を変えて s，t の順で平方完成すると

$$y=5\left(s+\frac{5t-4}{5}\right)^2+5\left(t+\frac{7}{5}\right)^2$$

が得られますが，$0\leqq t\leqq 3$ より $-\dfrac{11}{5}\leqq-\dfrac{5t-4}{5}\leqq\dfrac{4}{5}$ となるため，y の最小値を求める際に t の場合分けが必要になります。

（※3）

s を固定したとき，t の2次関数 $y=10\left(t+\dfrac{5s+3}{10}\right)^2+\dfrac{1}{10}(5s-11)^2$ のグラフを考えますが，その放物線の軸の位置を調べています。

右図のように，定義域 $0\leqq t\leqq 3$ に対して，(軸の位置) <0 です。

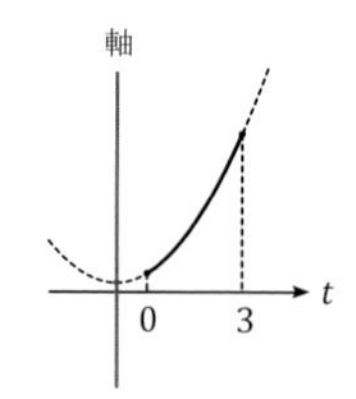

問題 1.28　分野：三角比／ベクトル／2次関数

1辺の長さが6の正四面体OABCにおいて，辺OAの中点をD，辺OBを1：2に内分する点をEとする。また，辺OC上に頂点と異なる点Fをとる。△DEFの面積をSとするとき，Sのとりうる値の範囲を求めよ。

【考え方のポイント】

まずは，$\mathrm{OF}=x$とおいて，面積Sをxの式で表すことが目標です。空間における三角形の面積は，ベクトルの公式が使えます。その際，ベクトルの始点はFにするよりもDかEにする方が計算は容易になります。

解答

△ODEにおいて，余弦定理により　$\mathrm{DE}^2=3^2+2^2-2\cdot3\cdot2\cos60^\circ=7$　（※1）

OFの長さをx（$0<x<6$）とすると，△ODFにおいて同様に

$$\mathrm{DF}^2=3^2+x^2-2\cdot3x\cos60^\circ=x^2-3x+9$$

また

$$\overrightarrow{\mathrm{DE}}\cdot\overrightarrow{\mathrm{DF}}=\left(\overrightarrow{\mathrm{OE}}-\overrightarrow{\mathrm{OD}}\right)\cdot\left(\overrightarrow{\mathrm{OF}}-\overrightarrow{\mathrm{OD}}\right)=\overrightarrow{\mathrm{OE}}\cdot\overrightarrow{\mathrm{OF}}-\overrightarrow{\mathrm{OE}}\cdot\overrightarrow{\mathrm{OD}}-\overrightarrow{\mathrm{OD}}\cdot\overrightarrow{\mathrm{OF}}+\left|\overrightarrow{\mathrm{OD}}\right|^2$$

$$=2x\cos60^\circ-2\cdot3\cos60^\circ-3x\cos60^\circ+3^2=-\frac{1}{2}x+6$$

ゆえに

$$S=\frac{1}{2}\sqrt{\left|\overrightarrow{\mathrm{DE}}\right|^2\left|\overrightarrow{\mathrm{DF}}\right|^2-\left(\overrightarrow{\mathrm{DE}}\cdot\overrightarrow{\mathrm{DF}}\right)^2}=\frac{1}{2}\sqrt{7(x^2-3x+9)-\left(-\frac{1}{2}x+6\right)^2}\quad（※2）$$

$$=\frac{1}{2}\sqrt{\frac{27}{4}x^2-15x+27}=\frac{1}{2}\sqrt{\frac{27}{4}\left(x-\frac{10}{9}\right)^2+\frac{56}{3}}$$

よって，Sは$x=\dfrac{10}{9}$で最小となり，最小値は$\dfrac{1}{2}\sqrt{\dfrac{56}{3}}=\dfrac{\sqrt{42}}{3}$

$x=6$とすると　$S=\dfrac{1}{2}\sqrt{180}=3\sqrt{5}$　となるから，

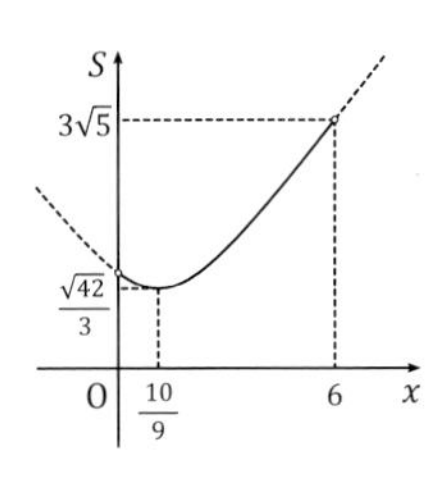

右図により，求める値の範囲は　$\dfrac{\sqrt{42}}{3}\leqq S<3\sqrt{5}$　答

（※1）余弦定理

$$a^2=b^2+c^2-2bc\cos A$$
$$b^2=c^2+a^2-2ca\cos B$$
$$c^2=a^2+b^2-2ab\cos C$$

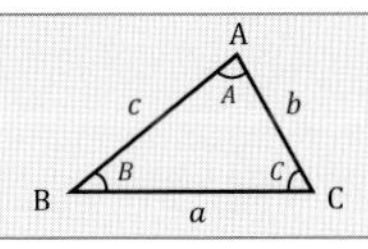

（※2）三角形の面積

$$\triangle\mathrm{OAB}=\frac{1}{2}\sqrt{\left|\overrightarrow{\mathrm{OA}}\right|^2\left|\overrightarrow{\mathrm{OB}}\right|^2-\left(\overrightarrow{\mathrm{OA}}\cdot\overrightarrow{\mathrm{OB}}\right)^2}$$

問題 1.29　分野：数列／複素数と方程式

次の条件によって定められる数列 $\{z_n\}$ の一般項を求めよ。ただし，i は虚数単位とする。

$$z_1 = i,\quad 3z_{n+1} - (2+i)z_n - 2 = 0 \quad (n = 1,\ 2,\ 3,\ \cdots\cdots)$$

【考え方のポイント】

与えられた漸化式は，いわゆる $a_{n+1} = pa_n + q$ の形の漸化式に帰着します。$\{z_n\}$ は虚数を含む数列ですが，虚数を含まない場合と解法に違いはありません。

解答

与えられた漸化式を変形すると

$$z_{n+1} = \frac{2+i}{3}z_n + \frac{2}{3} \quad \cdots\cdots ①$$

ここで，① において z_{n+1} と z_n を α に置き換えた等式

$$\alpha = \frac{2+i}{3}\alpha + \frac{2}{3} \quad \cdots\cdots ②$$

を考える。① − ② より

$$z_{n+1} - \alpha = \frac{2+i}{3}(z_n - \alpha)$$

② を解くと $\alpha = \dfrac{2}{1-i} = \dfrac{2(1+i)}{(1-i)(1+i)} = 1+i$ であるから

$$z_{n+1} - 1 - i = \frac{2+i}{3}(z_n - 1 - i) \quad (※1)$$

数列 $\{z_n - 1 - i\}$ は，初項 $z_1 - 1 - i = -1$，公比 $\dfrac{2+i}{3}$ の等比数列である。

よって　$z_n - 1 - i = -\left(\dfrac{2+i}{3}\right)^{n-1}$

ゆえに　$z_n = 1 + i - \left(\dfrac{2+i}{3}\right)^{n-1}$　答

（※1）

この式の導出過程は答案では省略して構いません。

【補充問題 5】（解答 p. 164）

次の条件によって定められる数列 $\{a_n\}$ の一般項を求めよ。

$$a_1 = \sqrt{3},\quad a_{n+1} = \frac{1}{3}{a_n}^2 \quad (n = 1,\ 2,\ 3,\ \cdots\cdots)$$

問題 1.30　**分野：数列／積分法**

初項から第 n 項までの和 S_n が

$$S_n = \int_0^1 \frac{(-t)^n - 1}{t+1}\,dt$$

で表される数列 $\{a_n\}$ の一般項を求めよ。

【考え方のポイント】

基本公式（※1）を適用すれば，その後は積分の計算問題になります。

解答

$n=1$ のとき　$a_1 = S_1 = \int_0^1 \frac{-t-1}{t+1}\,dt = \int_0^1 (-1)\,dt = \left[-t\right]_0^1 = -1$　……①

$n \geqq 2$ のとき　$a_n = S_n - S_{n-1}$　（※1）

$$= \int_0^1 \frac{(-t)^n - 1}{t+1}\,dt - \int_0^1 \frac{(-t)^{n-1} - 1}{t+1}\,dt$$

$$= \int_0^1 \frac{(-t)^n - (-t)^{n-1}}{t+1}\,dt$$

$$= \int_0^1 \frac{(-t)^{n-1}(-t-1)}{t+1}\,dt$$

$$= \int_0^1 \{-(-t)^{n-1}\}\,dt$$

$$= (-1)^n \int_0^1 t^{n-1}\,dt$$

$$= (-1)^n \left[\frac{t^n}{n}\right]_0^1$$

$$= \frac{(-1)^n}{n} \quad \cdots\cdots ②$$

② で $n=1$ とすると ① に一致するから，② は $n=1$ のときにも成立する。

よって，一般項 a_n は　$a_n = \frac{(-1)^n}{n}$　答

（※1）数列の和と一般項

数列 $\{a_n\}$ の初項から第 n 項までの和を S_n とすると

$a_1 = S_1$

$n \geqq 2$ のとき　$a_n = S_n - S_{n-1}$

◇◆　ステージ2　◆◇

問題 2.1　**分野：整数の性質／数列**

0と1の2種類の数字を用いて表される3進数を1から小さい順に並べてできる数列

$1_{(3)}$, $10_{(3)}$, $11_{(3)}$, $100_{(3)}$, $101_{(3)}$, ……

について，次の問いに答えよ。

(1)　第30項を10進法で表せ。

(2)　初項から第30項までの和を10進法で表せ。

【考え方のポイント】

数列に用いられる数字は0と1の2種類ですから，2進法と関係があります。(2)では，桁数できりのいい第31項までの和をまず考えます。解き方を探るために，2桁までの3進数の和や3桁までの3進数の和などを求めてみるとよいかもしれません。初項から順に足し算するよりも，各位ごと（3^0の位，3^1の位，……）に集計する方が易しいでしょう。

(1) **解答**

第n項における0と1の数字の並び方は，nを2進法で表したときの0と1の数字の並び方に一致する。したがって，$30_{(10)}$を2進法で表すことを考える。

30を商が0になるまで2で繰り返し割ったときの商と余りは右のようになる。

よって，余りを下から順に並べて，$30_{(10)}$は $11110_{(2)}$ と表される。

ゆえに，第30項は $11110_{(3)}$ である。

これを10進法で表すと

$$11110_{(3)} = 1\cdot3^4+1\cdot3^3+1\cdot3^2+1\cdot3^1+0\cdot3^0=120 \quad \boxed{答}$$

```
2 ) 30
2 ) 15 …… 0
2 )  7 …… 1
2 )  3 …… 1
2 )  1 …… 1
     0 …… 1
```

(2) **解答**

第30項が $11110_{(3)}$ であるから，第31項は $11111_{(3)}$ である。

第32項は $100000_{(3)}$ で6桁になるから，5桁の3進数は第31項までである。

したがって，まず初項から第31項までの和を考える。

初項から第31項までの範囲において3^4の位が1である項は，他の位が0か1の2通りずつあるから，2^4個ある。

同様に，3^3の位が1である項，3^2の位が1である項，3^1の位が1である項，3^0の位が1である項も，それぞれ2^4個ある。

ゆえに，初項から第31項までの和を10進法で表すと

$$2^4\cdot(3^4+3^3+3^2+3^1+3^0)=16\cdot121=1936$$

したがって，これから第31項すなわち121を引くことにより，

求める和は 1815　$\boxed{答}$

問題 2.2　分野：整数の性質／対数関数

6^{40} を 5 進法で表すと何桁の数になるか。また，その 5 進数の最高位の数を求めよ。ただし，$\log_{10} 2 = 0.3010$，$\log_{10} 3 = 0.4771$ とする。

【考え方のポイント】

この設問は 5 進法ですが，10 進法で同様の問題を解いたことがあれば，それとほぼ同じ解法になります。「補充問題 6」を参照してください。小数の計算は，不等式を適切に用いて最小限で済ませたいところです。

解答

$$\log_5 6^{40} = 40 \log_5 6 = 40 \cdot \frac{\log_{10} 6}{\log_{10} 5} = 40 \cdot \frac{\log_{10} 2 + \log_{10} 3}{\log_{10} 10 - \log_{10} 2} = 40 \cdot \frac{0.3010 + 0.4771}{1 - 0.3010}$$

$$= 40 \cdot \frac{0.7781}{0.6990} = 44.5 \cdots\cdots$$

よって　$44 < \log_5 6^{40} < 45$

ゆえに　$5^{44} < 6^{40} < 5^{45}$

したがって，6^{40} を 5 進法で表すと 45 桁の数になる。答

$\log_5 6^{40}$ の小数部分 $0.5 \cdots\cdots$ を a とおくと，$6^{40} = 5^a \cdot 5^{44}$ であるから，6^{40} を 5 進法で表したときの最高位の数は 5^a の整数部分に一致する。

$$\log_{10} 5^a = a \log_{10} 5 = a\,(\log_{10} 10 - \log_{10} 2) = a\,(1 - 0.3010) = 0.699\,a$$

$0.5 < a < 0.6$　より　$0.699 \times 0.5 < \log_{10} 5^a < 0.699 \times 0.6$

ここで，$0.699 \times 0.5 = 0.34 \cdots\cdots$，$0.699 \times 0.6 = 0.41 \cdots\cdots$

よって　$\log_{10} 2 < \log_{10} 5^a < \log_{10} 3$　（※1）

ゆえに　$2 < 5^a < 3$

したがって，5^a の整数部分は 2 であるから，

求める最高位の数は 2　答

（※1）

$\log_{10} 5^a$ の値について，次のように不等式で評価しました。

$$0.3010 < 0.34 \cdots\cdots < \log_{10} 5^a < 0.41 \cdots\cdots < 0.4771$$

【補充問題 6】（解答 p. 165）

> **6^{40} は何桁の数であるか。また，その最高位の数を求めよ。**
> **ただし，$\log_{10} 2 = 0.3010$，$\log_{10} 3 = 0.4771$ とする。**

問題 2.3　分野：複素数と方程式／整数の性質

2 次方程式 $4x^2+2(2a+i)x-2a-5+(a-b)i=0$ が 1 つの実数解と 1 つの虚数解をもつような整数 a，b の組を求めよ。また，そのときの解を求めよ。ただし，i は虚数単位とする。

【考え方のポイント】

「解答」の大まかな流れとしては，複素数の相等（※1）を利用するために，まず，与えられた 2 次方程式が 1 つの実数解をもつことに着目し，必要条件として整数の組 $(a,\ b)$ を求めます。そして，その $(a,\ b)$ に対して，虚数解が 1 つ存在することを確かめます。

a，b についての 2 次不定方程式は「問題 3.1」や「問題 3.23」が関連問題です。

解答

与えられた方程式の実数解を $x=\alpha$ とおくと　$4\alpha^2+2(2a+i)\alpha-2a-5+(a-b)i=0$

i について整理すると　$(4\alpha^2+4a\alpha-2a-5)+(2\alpha+a-b)i=0$

2 つの ( ) 内の式はそれぞれ実数であるから　（※1）

$4\alpha^2+4a\alpha-2a-5=0$ ……①　かつ　$2\alpha+a-b=0$ ……②

② より　$\alpha=\dfrac{b-a}{2}$ ……③

③ を ① に代入して整理すると　$b^2-a^2-2a-5=0$

よって　$b^2-(a+1)^2=4$

左辺を因数分解すると　$(b+a+1)(b-a-1)=4$

$(b+a+1)-(b-a-1)=2(a+1)$ であり，これは偶数であるから，$b+a+1$ と $b-a-1$ は偶奇が一致する。したがって

$$\begin{cases} b+a+1=2 \\ b-a-1=2 \end{cases} \quad \text{または} \quad \begin{cases} b+a+1=-2 \\ b-a-1=-2 \end{cases}$$

ゆえに　$(a,\ b)=(-1,\ 2),\ (-1,\ -2)$

[1]　$(a,\ b)=(-1,\ 2)$ のとき

与えられた方程式は $4x^2+2(-2+i)x-3-3i=0$ ……④ となる。

③ より，④ の実数解は　$x=\dfrac{2-(-1)}{2}=\dfrac{3}{2}$

よって ④ の左辺は $x-\dfrac{3}{2}$ を因数にもつ。　（※2）

④ の左辺を $x-\dfrac{3}{2}$ で割ると，商が $4x+2+2i$ で余りが 0 であるから，　（※3）

④ を変形すると　$\left(x-\dfrac{3}{2}\right)(4x+2+2i)=0$

ゆえに，④ の他の解は $x=\dfrac{-1-i}{2}$ であり，これは確かに虚数解である。

[2]　$(a,\ b)=(-1,\ -2)$ のとき

与えられた方程式は $4x^2+2(-2+i)x-3+i=0$ ……⑤ となる。

③より，⑤の実数解は　$x=\dfrac{-2-(-1)}{2}=-\dfrac{1}{2}$

よって⑤の左辺は $x+\dfrac{1}{2}$ を因数にもつ。

⑤の左辺を $x+\dfrac{1}{2}$ で割ると，商が $4x-6+2i$ で余りが 0 であるから，

⑤を変形すると　$\left(x+\dfrac{1}{2}\right)(4x-6+2i)=0$

ゆえに，⑤の他の解は $x=\dfrac{3-i}{2}$ であり，これは確かに虚数解である。

[1]，[2] より，求める整数 a，b の組は　$(a,\ b)=(-1,\ 2),\ (-1,\ -2)$

$(a,\ b)=(-1,\ 2)$ のとき，解は　$x=\dfrac{3}{2},\ \dfrac{-1-i}{2}$

$(a,\ b)=(-1,\ -2)$ のとき，解は　$x=-\dfrac{1}{2},\ \dfrac{3-i}{2}$　答

（※1）複素数の相等

a，b，c，d は実数とすると

$$a+bi=c+di \Leftrightarrow a=c \text{ かつ } b=d$$

とくに，$c=d=0$ のとき

$$a+bi=0 \Leftrightarrow a=0 \text{ かつ } b=0$$

（※2）因数定理（補足付き）

「1次式 $x-a$ が多項式 $P(x)$ の因数である」 $\Leftrightarrow$ $P(a)=0$

多項式 $P(x)$ は n 次の場合，$a_0x^n+a_1x^{n-1}+\cdots\cdots+a_{n-1}x+a_n$ の形で表される式のことです。a_0，a_1，……，a_{n-1}，a_n は定数ですが，実数とは限りません。

（※3）

組立除法を用いると次のようになります。[2] の割り算も同様です。

4	$2(-2+i)$	$-3-3i$	$\dfrac{3}{2}$
	6	$3+3i$	
4	$2+2i$	0	

問題 2.4	分野：場合の数／図形の性質

正十角形について次の問いに答えよ。

(1)　対角線の総数を求めよ。

(2)　正十角形の周または内部に共有点をもつような 2 本の対角線の組合せは何通りあるか求めよ。

(3)　(2) の 2 本の対角線がなす角の大きさは何通りあるか求めよ。ただし，角の大きさは $0°$ 以上 $90°$ 以下の範囲で考えるものとする。

【考え方のポイント】

(2)，(3) では，2 本の対角線の共有点が正十角形の周（頂点）上にあるか内部にあるかで大きく場合分けします。(3) では，正十角形の外接円を描いて円周角の定理を利用します。

(1) **解答**

正十角形の 10 個の頂点から，隣り合わない 2 個の頂点を選ぶことで，対角線が 1 つ決まる。よって，対角線の総数は，2 個の頂点の選び方の総数 ${}_{10}\mathrm{C}_2$ から，隣り合う 2 個の頂点の選び方の総数 10 を引いて　${}_{10}\mathrm{C}_2 - 10 = \dfrac{10 \cdot 9}{2 \cdot 1} - 10 = 35$（本）　答

(2) **解答**

[1]　2 本の対角線の共有点が正十角形の頂点に重なるとき

2 本の対角線は，3 個の頂点を結んでできる三角形の 2 辺である。

以下，その三角形を 3 つの場合に分けて考える。

ⅰ）三角形が正十角形と 1 辺のみを共有するとき

共有する 1 辺の選び方は　10 通り

それぞれに対して残りの頂点の選び方は　$10 - 4 = 6$（通り）

したがって，三角形の総数は　$10 \times 6 = 60$

1 つの三角形に対して 2 本の対角線の組合せは 1 通りに決まるから，

その組合せの総数は　60 通り

ⅱ）三角形が正十角形と 2 辺を共有するとき

三角形の 3 辺のうち，対角線になりうるのは 1 辺のみであるから不適。

ⅲ）三角形が正十角形と辺を共有しないとき

3 個の頂点を結んでできる三角形の総数 ${}_{10}\mathrm{C}_3$ から，ⅰ）の三角形の総数 60 とⅱ）の三角形の総数 10 を引いて，三角形の総数は　${}_{10}\mathrm{C}_3 - 60 - 10 = \dfrac{10 \cdot 9 \cdot 8}{3 \cdot 2 \cdot 1} - 60 - 10 = 50$

1 つの三角形に対して 2 本の対角線の組合せは 3 通りあるから，

その組合せの総数は　$50 \times 3 = 150$（通り）

ⅰ）ⅱ）ⅲ）より，2 本の対角線の組合せの総数は　$60 + 150 = 210$（通り）

[2]　2本の対角線の共有点が正十角形の内部にあるとき

正十角形の10個の頂点から4個の頂点を選ぶことで，2本の対角線が1組決まる。

よって，2本の対角線の組合せの総数は，4個の頂点の選び方の総数に等しく，

$${}_{10}\mathrm{C}_4 = \frac{10\cdot 9\cdot 8\cdot 7}{4\cdot 3\cdot 2\cdot 1} = 210 \text{（通り）}$$

[1]，[2] より，求める総数は

$$210 + 210 = 420 \text{（通り）}$$ 答

(3) **解答**

(2) の2本の対角線がなす角の大きさを θ $(0° \leqq \theta \leqq 90°)$ とし，正十角形の外接円を描いて考える。

[1]　2本の対角線の共有点が正十角形の頂点に重なるとき

θ の最小値は，正十角形の隣り合う2つの頂点でつくられる弧に対する円周角の大きさ，すなわち $\dfrac{360°}{10} \times \dfrac{1}{2} = 18°$ である。　（※1）

弧の長さがそれの2倍，3倍，…… である弧をとることができるので，

$0° \leqq \theta \leqq 90°$ より，θ のとりうる値は　$18°$，$36°$，$54°$，$72°$，$90°$

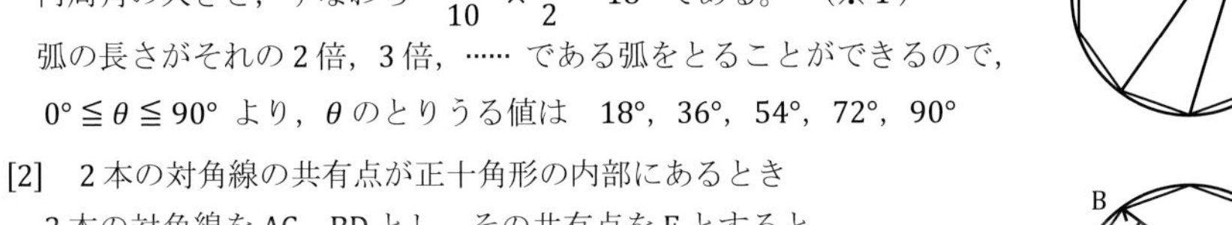

[2]　2本の対角線の共有点が正十角形の内部にあるとき

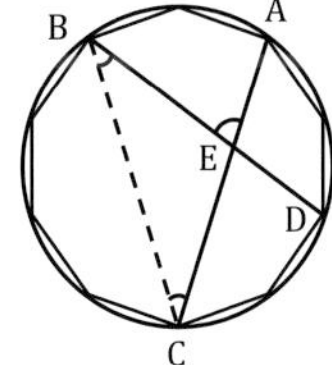

2本の対角線を AC，BD とし，その共有点を E とすると

$$\angle \mathrm{AEB} = \angle \mathrm{ACB} + \angle \mathrm{DBC}$$

$\angle \mathrm{ACB}$ は弧 AB に対する円周角，$\angle \mathrm{DBC}$ は弧 CD に対する円周角であるから

$$\angle \mathrm{ACB} = k \times 18° \text{（}k = 1, 2, 3, \cdots\cdots\text{）}$$

$$\angle \mathrm{DBC} = l \times 18° \text{（}l = 1, 2, 3, \cdots\cdots\text{）}$$

と表せる。このとき　$\angle \mathrm{AEB} = (k + l) \times 18°$

ゆえに，$0° \leqq \theta \leqq 90°$ より，θ のとりうる値は　$36°$，$54°$，$72°$，$90°$

[1]，[2] より，θ のとりうる値は　$18°$，$36°$，$54°$，$72°$，$90°$

したがって，(2) の2本の対角線がなす角の大きさは5通りある。答

（※1）円周角の定理

> 1つの弧に対する円周角の大きさは一定で，
> その弧に対する中心角の大きさの半分です。

参考　アルハゼンの定理

> 右図（$\overset{\frown}{\mathrm{AB}} > \overset{\frown}{\mathrm{CD}}$ とする）において，
> $\angle \mathrm{AEB} =$（弧 AB に対する円周角）$+$（弧 CD に対する円周角）
> $\angle \mathrm{AFB} =$（弧 AB に対する円周角）$-$（弧 CD に対する円周角）

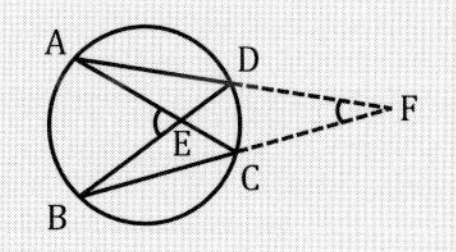

問題 2.5　分野：場合の数／数列

n は 2 以上の自然数とする。3 種類の文字 a，b，c を，重複を許して n 個並べる順列のうち，両端の文字が a であり，かつ，a 以外の文字はどの文字も隣り合わないような順列はいくつあるか。ただし，使わない文字があってもよいものとする。

【考え方のポイント】

求める順列の総数を S_n とすると，S_n を直接考えるのは難しいので，漸化式をつくってアプローチするとよいでしょう。順列の左端か右端に着目し，端にある a のすぐ隣がどの文字になるかで場合分けを考えます。場合分けのコツは，「網羅しているか」「重複していないか」の 2 点を意識することです。

解答

求める順列の総数，すなわち，文字が n 個のときの順列の総数を S_n $(n \geqq 2)$ として，S_{n+2} を考える。文字が $(n+2)$ 個のときの順列は

[1]　$(n+1)$ 番目の文字が a である順列

[2]　$(n+1)$ 番目の文字が b または c である順列

のどちらかに分類でき，[1] と [2] が重複することはない。

[1] は S_{n+1} 個あり，[2] は，n 番目の文字が必ず a であるから，$2S_n$ 個ある。

したがって，2 以上の自然数 n に対して　$S_{n+2} = S_{n+1} + 2S_n$　……①　が成立する。

$n = 2$ のとき，順列は aa の 1 個であるから　$S_2 = 1$

$n = 3$ のとき，順列は aaa，aba，aca の 3 個であるから　$S_3 = 3$

① を変形すると　$S_{n+2} - 2S_{n+1} = -(S_{n+1} - 2S_n)$　……②　（※1）

$S_{n+2} + S_{n+1} = 2(S_{n+1} + S_n)$　……③

② より　$S_{n+1} - 2S_n = (S_3 - 2S_2)\cdot(-1)^{n-2} = (3 - 2\cdot 1)\cdot(-1)^{n-2} = (-1)^n$　……④　（※2）

③ より　$S_{n+1} + S_n = (S_3 + S_2)\cdot 2^{n-2} = (3+1)\cdot 2^{n-2} = 2^n$　……⑤　（※3）

⑤ − ④ より　$3S_n = 2^n - (-1)^n$

したがって，求める順列の総数は　$S_n = \dfrac{2^n - (-1)^n}{3}$　答

（※1）隣接 3 項間漸化式 $a_{n+2} + pa_{n+1} + qa_n = 0$ の変形（p，q は 0 でない定数とする）

> 漸化式において a_{n+2}，a_{n+1}，a_n をそれぞれ t^2，t，1 に置き換えた 2 次方程式
> $t^2 + pt + q = 0$ の 2 解を α，β とすると，解と係数の関係により $\alpha + \beta = -p$，$\alpha\beta = q$
> よって，漸化式は $a_{n+2} - (\alpha+\beta)a_{n+1} + \alpha\beta a_n = 0$ と表せます。
> そしてこの式は，次の 2 通りの変形が可能です。（ただし $\alpha = \beta$ の場合は 1 通り）
> $a_{n+2} - \alpha a_{n+1} = \beta(a_{n+1} - \alpha a_n)$，　$a_{n+2} - \beta a_{n+1} = \alpha(a_{n+1} - \beta a_n)$

① において，$t^2 - t - 2 = 0$ を解くと $t = 2$，-1 が得られます。

問題 2.6　分野：確率／数列

青玉3個，緑玉4個，赤玉5個が入っている袋から玉を1個取り出してもとに戻すことを14回続けて行うとき，青玉は何回取り出される確率が最も大きいか。

【考え方のポイント】

14回の試行により青玉がn回取り出される確率を p_n とおくと $p_n = {}_{14}\mathrm{C}_n\left(\dfrac{1}{4}\right)^n\left(\dfrac{3}{4}\right)^{14-n}$ です。ここでは，この p_n が最大となるnの値が問われています。p_n をnで微分したり，p_n のグラフをかいたりするのは困難なので，p_{n+1} と p_n の大小関係を考えるとよいでしょう。$\dfrac{p_{n+1}}{p_n}$ を計算すると簡単な式が得られます。

解答

14回の試行により青玉がn回取り出される確率を p_n（nは0以上14以下の整数）とおく。

1回の試行で青玉が取り出される確率は　$\dfrac{3}{12}=\dfrac{1}{4}$

1回の試行で青玉以外の玉が取り出される確率は　$1-\dfrac{1}{4}=\dfrac{3}{4}$

したがって　$p_n = {}_{14}\mathrm{C}_n\left(\dfrac{1}{4}\right)^n\left(\dfrac{3}{4}\right)^{14-n} = \dfrac{14!}{n!\,(14-n)!}\cdot\dfrac{3^{14-n}}{4^{14}}$

ゆえに，0以上13以下の整数nに対して

$$\frac{p_{n+1}}{p_n} = \frac{14!}{(n+1)!\,(13-n)!}\cdot\frac{3^{13-n}}{4^{14}}\cdot\frac{n!\,(14-n)!}{14!}\cdot\frac{4^{14}}{3^{14-n}} = \frac{14-n}{3(n+1)}$$

$\dfrac{p_{n+1}}{p_n}>1$ とすると $\dfrac{14-n}{3(n+1)}>1$ であり，これを解くと　$n<\dfrac{11}{4}$

よって，$n=0$，1，2 のとき $\dfrac{p_{n+1}}{p_n}>1$ すなわち $p_n<p_{n+1}$

したがって　$p_0<p_1<p_2<p_3$　……①

$\dfrac{p_{n+1}}{p_n}<1$ とすると $\dfrac{14-n}{3(n+1)}<1$ であり，これを解くと　$n>\dfrac{11}{4}$

よって，$3 \leqq n \leqq 13$ のとき $\dfrac{p_{n+1}}{p_n}<1$ すなわち $p_n>p_{n+1}$

したがって　$p_3>p_4>p_5>\cdots\cdots>p_{14}$　……②

①，②より，p_n の最大値は p_3 である。

すなわち，青玉は3回取り出される確率が最も大きい。答

【補充問題7】（解答 p. 166）

上の問いにおいて，緑玉は何回取り出される確率が最も大きいか。

問題 2.7　分野：確率／数列

3人がじゃんけんをする。あいこの場合，勝敗が決まる（1人もしくは2人が勝つ）までじゃんけんを繰り返すが，ここでは，2度続けて同じ手を出すことはできないという規則を設ける。例えば，3人とも「グー」であいこになった場合，それに続くじゃんけんは，3人とも「チョキ」か「パー」を選択することになる。あいこの場合も1回分のじゃんけんとして数えることにして，n 回までのじゃんけんで勝敗が決まる確率を p_n とおくとき，次の問いに答えよ。ただし，n は自然数とする。

(1)　p_1 を求めよ。

(2)　p_{n+1} を p_n を用いて表せ。

(3)　p_n を n の式で表せ。

(4)　ちょうど5回目のじゃんけんで勝敗が決まる確率を求めよ。

【考え方のポイント】

2度続けて同じ手を出すことはできないという特殊な規則があるため，このじゃんけんの構造をよく考察しておく必要があります。[1] 1回目のじゃんけんで3人が同じ手を出したとすると，その後のあいこはすべて，3人が同じ手を出す場合に限られ，[2] 1回目のじゃんけんで3人が互いに異なる手を出したとすると，その後のあいこはすべて，3人が互いに異なる手を出す場合に限られます。

---

(1) **解答**

1回のじゃんけんにおける3人の手の出し方は 3^3 通りあり，これらは同様に確からしい。

1回のじゃんけんで勝敗が決まるとき，3人は2種類の手の出し方に分かれる。

手の出し方の2種類の組合せは　${}_3\mathrm{C}_2 = 3$（通り）

特定の2種類の手の出し方に対する3人の分かれ方は　$2^3 - 2 = 6$（通り）　（※1）

したがって，1回のじゃんけんで勝敗が決まる場合は　3×6（通り）

よって，求める確率は　$p_1 = \dfrac{3 \times 6}{3^3} = \dfrac{2}{3}$　答

（※1）

3人とも手の出し方は2通りですが，2^3 通りから，3人が同じ手を出す場合の2通りを除かなければなりません。

(1) **別解**

「1回のじゃんけんで勝敗が決まる」という事象の余事象，すなわち「1回目のじゃんけんがあいこになる」という事象を考える。

1回のじゃんけんにおける3人の手の出し方は 3^3 通りあり，これらは同様に確からしい。

3人が同じ手を出してあいこになる場合は　3通り

3 人が互いに異なる手を出してあいこになる場合は　$3! = 6$（通り）

よって，1 回目のじゃんけんがあいこになる場合は　$3 + 6 = 9$（通り）

したがって，余事象が起こる確率は $\dfrac{9}{3^3}$ であるから，

求める確率は　$p_1 = 1 - \dfrac{9}{3^3} = \dfrac{2}{3}$　答

(2) **解答**

「n 回までのじゃんけんで勝敗が決まる」という事象の余事象，すなわち「n 回のじゃんけんがすべてあいこになる」という事象について，この事象が起こる確率を q_n とする。また，この事象を次の 2 つの事象に場合分けする。

A：n 回目のじゃんけんで 3 人が同じ手を出し，n 回のじゃんけんがすべてあいこになる

B：n 回目のじゃんけんで 3 人が互いに異なる手を出し，n 回のじゃんけんがすべてあいこになる

事象 A，B が起こる確率をそれぞれ a_n，b_n とすると，

事象 A，B は互いに排反であるから　$q_n = a_n + b_n$

a_n →① a_{n+1}，a_n →② b_{n+1}，b_n →③ a_{n+1}，b_n →④ b_{n+1}

右の推移図において，

① の確率は $\dfrac{2}{2^3} = \dfrac{1}{4}$，② の確率は 0，③ の確率は 0，④ の確率は $\dfrac{2}{2^3} = \dfrac{1}{4}$　（※ 2）

よって　$a_{n+1} = \dfrac{1}{4}a_n$，$b_{n+1} = \dfrac{1}{4}b_n$

したがって　$q_{n+1} = a_{n+1} + b_{n+1} = \dfrac{1}{4}a_n + \dfrac{1}{4}b_n = \dfrac{1}{4}q_n$

$q_n = 1 - p_n$ であるから　$1 - p_{n+1} = \dfrac{1}{4}(1 - p_n)$

ゆえに，これを変形して　$p_{n+1} = \dfrac{1}{4}p_n + \dfrac{3}{4}$　答

（※ 2）④ の確率について

n 回目のじゃんけんで 3 人が互いに異なる手を出した後，$(n+1)$ 回目のじゃんけんでも 3 人が互いに異なる手を出す場合は，次のように 2 通りあります。ただし，3 人を甲，乙，丙と呼ぶことにします。$(n+1)$ 回目に甲の出す手が 2 通りあり，甲の出す手を定めると，乙，丙の出す手は 1 通りに定まります。

〈n 回目〉
甲：グー，乙：チョキ，丙：パー

〈$(n+1)$ 回目〉
甲：チョキ，乙：パー，丙：グー
甲：パー，乙：グー，丙：チョキ

(3) **解答**

$p_{n+1} = \dfrac{1}{4}p_n + \dfrac{3}{4}$ を変形すると　$p_{n+1} - 1 = \dfrac{1}{4}(p_n - 1)$　（※ 3）

$p_1 = \dfrac{2}{3}$ であるから，数列 $\{p_n - 1\}$ は，初項 $-\dfrac{1}{3}$，公比 $\dfrac{1}{4}$ の等比数列である。

したがって　$p_n - 1 = -\frac{1}{3}\left(\frac{1}{4}\right)^{n-1}$

ゆえに　$p_n = 1 - \frac{1}{3}\left(\frac{1}{4}\right)^{n-1}$　答

（※3）

$p_{n+1} = \frac{1}{4}p_n + \frac{3}{4}$ から $\alpha = \frac{1}{4}\alpha + \frac{3}{4}$ を辺々引くと $p_{n+1} - \alpha = \frac{1}{4}(p_n - \alpha)$ が得られます。

α は，方程式を解いて $\alpha = 1$ です。

(2) の途中式 $1 - p_{n+1} = \frac{1}{4}(1 - p_n)$ を用いれば，このような計算は省略できます。

(4) **解答**

求める確率は　$p_5 - p_4 = \left\{1 - \frac{1}{3}\left(\frac{1}{4}\right)^4\right\} - \left\{1 - \frac{1}{3}\left(\frac{1}{4}\right)^3\right\}$

$= \frac{1}{3}\left(\frac{1}{4}\right)^3\left(1 - \frac{1}{4}\right)$

$= \frac{1}{256}$　答

(4) **別解**

4回のじゃんけんがすべてあいこになる確率は　$1 - p_4$

あいこの状態からもう一度じゃんけんをして勝敗が決まる確率は (2) より　$1 - \frac{1}{4} = \frac{3}{4}$

したがって，求める確率は　$\frac{3}{4}(1 - p_4) = \frac{3}{4} \cdot \frac{1}{3}\left(\frac{1}{4}\right)^3 = \frac{1}{256}$　答

問題 2.8	分野：確率／整数の性質

1 個のサイコロを n 回投げ，出た目の数を順に a_1, a_2, a_3, ……, a_n とする。7 進法で表された n 桁の数 $a_n \cdots\cdots a_3a_2a_{1(7)}$ が 6 の倍数となる確率は，自然数 n の値にかかわらず $\frac{1}{6}$ であることを証明せよ。

【考え方のポイント】

合同式（p.33 ※2 参照）などを用いて，$a_n \cdot 7^{n-1} + \cdots\cdots + a_3 \cdot 7^2 + a_2 \cdot 7^1 + a_1 \cdot 7^0$ を 6 で割ったときの余りが，$a_n + \cdots\cdots + a_3 + a_2 + a_1$ を 6 で割ったときの余りに等しいことを導ければ，$a_n + \cdots\cdots + a_3 + a_2 + a_1$ すなわち n 回目までの出た目の総和が 6 の倍数となる確率を考えればよいことがわかります。確率漸化式の問題を解くのと同じ要領で，n 回目までの出た目の総和と $(n-1)$ 回目までの出た目の総和について，その関係を考察するとよいでしょう。

証明

$n = 1$ のとき
$a_{1(7)}$ が 6 の倍数となる確率，すなわち，サイコロを 1 回投げて 6 の目が出る確率は $\frac{1}{6}$ である。
次に，$n \geqq 2$ のときを考える。
7 進数 $a_n \cdots\cdots a_3a_2a_{1(7)}$ を N とおく。N を 10 進法で表すと

$$N = a_n \cdot 7^{n-1} + \cdots\cdots + a_3 \cdot 7^2 + a_2 \cdot 7^1 + a_1 \cdot 7^0$$

任意の自然数 k に対して $7^k \equiv 1^k \equiv 1 \pmod 6$ であるから

$$N \equiv a_n + \cdots\cdots + a_3 + a_2 + a_1 \pmod 6$$

ゆえに，「N が 6 の倍数となること」は「$a_n + \cdots\cdots + a_3 + a_2 + a_1$ が 6 の倍数となること」と同値である。したがって，$a_n + \cdots\cdots + a_3 + a_2 + a_1$ が 6 の倍数となる確率が $\frac{1}{6}$ であることを示せばよい。$a_{n-1} + \cdots\cdots + a_3 + a_2 + a_1 = m$ とおくと，m を 6 で割ったときの余りは 0 から 5 までの 6 通りある。この各場合に対して，$a_n + \cdots\cdots + a_3 + a_2 + a_1$ すなわち $a_n + m$ が 6 の倍数となるような a_n を求めると，次表のようになる。

m を 6 で割ったときの余り	0	1	2	3	4	5
$a_n + m$ が 6 の倍数となるような a_n	6	5	4	3	2	1

m がどのような値であっても，$a_n + m$ が 6 の倍数となるような a_n の値は 1 通りに定まる。
ゆえに，$a_n + \cdots\cdots + a_3 + a_2 + a_1$ が 6 の倍数となるようなサイコロの目の組 $(a_1, a_2, a_3, \cdots\cdots, a_n)$ の総数は 6^{n-1} で，$a_n + \cdots\cdots + a_3 + a_2 + a_1$ が 6 の倍数となる確率は $\frac{6^{n-1}}{6^n} = \frac{1}{6}$ である。
以上により，題意は証明された。終

【補充問題 8】（解答 p.167）

n は自然数とする。7^n を 6 で割ったときの余りが 1 であることを二項定理により示せ。

問題 2.9	分野：確率／図形と式

1から n までの整数が書かれた n 枚のカードから，引いたものはもとに戻さずに，カードを1枚ずつ4回引き，そのカードの数字を順に m_1, m_2, m_3, m_4 とする。ただし，n は5以上の整数である。座標平面において2点 A (m_1, m_2)，B (m_3, m_4) を考えるとき，次の問いに答えよ。

(1)　2点 A，B 間の距離が $\sqrt{2}$ となる確率を求めよ。

(2)　2点 A，B 間の距離が $\sqrt{5}$ となる確率を求めよ。

(3)　(1)，(2) の確率の大小を比較せよ。

【考え方のポイント】

2点 A，B 間の距離は座標平面で考えますが，m_1，m_2，m_3，m_4 に関する条件がわかれば，その後は座標平面よりも順列で考える方が易しいでしょう。n 枚のカードから4枚のカードを引いた結果（すなわち m_1，m_2，m_3，m_4）は，$(n-4)$ 個の文字 x と，m_1，m_2，m_3，m_4 の4文字を一列に並べる順列に1対1で対応します。(1) も (2) も n を用いて確率が表され，それらの大小関係は n の値によって変化します。

(1) **解答**

2点 A，B 間の距離が $\sqrt{2}$ となるのは，
$|m_1 - m_3| = 1$ かつ $|m_2 - m_4| = 1$ のときである。　（※1）
ただし，m_1，m_2，m_3，m_4 は，1以上 n 以下の互いに異なる整数である。
ここで，n 枚のカードから4枚のカードを引いた結果を，$(n-4)$ 個の文字 x と，m_1，m_2，m_3，m_4 の4文字を一列に並べる順列に対応させて考える。一列に並べた n 文字に左から順に1から n までの整数を割り当て，m_1，m_2，m_3，m_4 の値を定める。　（※2）
求める確率は，この n 文字の順列において，m_1 と m_3 が隣り合い，かつ，m_2 と m_4 が隣り合う確率に等しい。

隣り合う条件がないときの n 文字の順列の総数は ${}_n\mathrm{C}_1 \times {}_{n-1}\mathrm{C}_1 \times {}_{n-2}\mathrm{C}_1 \times {}_{n-3}\mathrm{C}_1$ であり，（※3）
これらは同様に確からしい。
m_1 と m_3，m_2 と m_4 をそれぞれひとまとまりの1文字として捉えると，$(n-2)$ 個の場所から m_1 と m_3 の位置を選ぶ方法が ${}_{n-2}\mathrm{C}_1$ 通り，残りの $(n-3)$ 個の場所から m_2 と m_4 の位置を選ぶ方法が ${}_{n-3}\mathrm{C}_1$ 通りあるから，その $(n-2)$ 文字の順列の総数は　${}_{n-2}\mathrm{C}_1 \times {}_{n-3}\mathrm{C}_1$
この各順列に対して，ひとまとまりの1文字として捉えた m_1 と m_3，m_2 と m_4 の並べ方がそれぞれ2通りあるから，m_1 と m_3 が隣り合い，かつ，m_2 と m_4 が隣り合うような n 文字の順列の総数は　${}_{n-2}\mathrm{C}_1 \times {}_{n-3}\mathrm{C}_1 \times 2 \times 2$

したがって，求める確率は　$\dfrac{{}_{n-2}\mathrm{C}_1 \times {}_{n-3}\mathrm{C}_1 \times 2 \times 2}{{}_n\mathrm{C}_1 \times {}_{n-1}\mathrm{C}_1 \times {}_{n-2}\mathrm{C}_1 \times {}_{n-3}\mathrm{C}_1} = \dfrac{4}{n(n-1)}$　答

（※1）
図で視覚的に考えるか，もしくは(2)の「解答」の冒頭と同様に式で考えます。

（※2）
例えば，次のような n 文字の順列では，$m_1 = 4$，$m_2 = 9$，$m_3 = 5$，$m_4 = 8$ となります。

順列：	x,	x,	x,	m_1,	m_3,	x,	x,	m_4,	m_2,	x,	……,	x
	↓	↓	↓	↓	↓	↓	↓	↓	↓	↓		↓
	1	2	3	4	5	6	7	8	9	10		n

（※3）
n 文字のうち，$(n-4)$ 文字は同じ文字で，残りの4文字は互いに異なる文字なので，
総数を $\dfrac{n!}{(n-4)!\,1!\,1!\,1!\,1!}$ と考えることもできます。

(2) **解答**

2点A，B間の距離が $\sqrt{5}$，すなわち $(m_1 - m_3)^2 + (m_2 - m_4)^2 = 5$ となるとき，
$(m_1 - m_3)^2 = 5 - (m_2 - m_4)^2 \leqq 5$ より，$|m_1 - m_3| \leqq \sqrt{5}$ が必要である。m_1，m_2，m_3，m_4 は1以上 n 以下の互いに異なる整数であるから，$|m_1 - m_3|$ の値は1，2に限られ，
$|m_1 - m_3| = 1$ のとき $|m_2 - m_4| = 2$，$|m_1 - m_3| = 2$ のとき $|m_2 - m_4| = 1$ である。
(1)と同様に，n 枚のカードから4枚のカードを引いた結果を，$(n-4)$ 個の文字 x と，m_1，m_2，m_3，m_4 の4文字を一列に並べる順列に対応させて考える。
求める確率は，$|m_1 - m_3| = 1$ かつ $|m_2 - m_4| = 2$ となる確率と，$|m_1 - m_3| = 2$ かつ $|m_2 - m_4| = 1$ となる確率の和である。
まず，$|m_1 - m_3| = 1$ かつ $|m_2 - m_4| = 2$ となる確率，すなわち，m_1 と m_3 が隣り合い，かつ，m_2 と m_4 の間に x が1つだけ存在する確率を考える。
m_1 と m_3 をひとまとまりの1文字，m_2 と x と m_4（3文字）をひとまとまりの1文字として捉えると，$(n-3)$ 個の場所から m_1 と m_3 の位置を選ぶ方法が ${}_{n-3}\mathrm{C}_1$ 通り，残りの $(n-4)$ 個の場所から m_2 と x と m_4 の位置を選ぶ方法が ${}_{n-4}\mathrm{C}_1$ 通りあるから，
その $(n-3)$ 文字の順列の総数は　${}_{n-3}\mathrm{C}_1 \times {}_{n-4}\mathrm{C}_1$
この各順列に対して，ひとまとまりの1文字として捉えた m_1 と m_3，m_2 と x と m_4 の並べ方がそれぞれ2通りあるから，m_1 と m_3 が隣り合い，かつ，m_2 と m_4 の間に x が1つだけ存在するような n 文字の順列の総数は　${}_{n-3}\mathrm{C}_1 \times {}_{n-4}\mathrm{C}_1 \times 2 \times 2$
したがって，$|m_1 - m_3| = 1$ かつ $|m_2 - m_4| = 2$ となる確率は

$$\frac{{}_{n-3}\mathrm{C}_1 \times {}_{n-4}\mathrm{C}_1 \times 2 \times 2}{{}_{n}\mathrm{C}_1 \times {}_{n-1}\mathrm{C}_1 \times {}_{n-2}\mathrm{C}_1 \times {}_{n-3}\mathrm{C}_1} = \frac{4(n-4)}{n(n-1)(n-2)} \quad \cdots\cdots ①$$　（※4）

$|m_1 - m_3| = 2$ かつ $|m_2 - m_4| = 1$ となる確率も同様であり，①に等しいから，
求める確率は　$2 \times \dfrac{4(n-4)}{n(n-1)(n-2)} = \dfrac{8(n-4)}{n(n-1)(n-2)}$　答

（※４）

分母の ${}_{n}\mathrm{C}_1 \times {}_{n-1}\mathrm{C}_1 \times {}_{n-2}\mathrm{C}_1 \times {}_{n-3}\mathrm{C}_1$ は (1) と同じです。

(3) **解答**

(1) の確率を P_1，(2) の確率を P_2 とおくと

$$P_1 = \frac{4}{n(n-1)},\quad P_2 = \frac{8(n-4)}{n(n-1)(n-2)}$$

$P_1 > P_2$ とすると $\dfrac{4}{n(n-1)} > \dfrac{8(n-4)}{n(n-1)(n-2)}$

$n \geqq 5$ より $n(n-1)(n-2) > 0$ であり，両辺に $n(n-1)(n-2)$ を掛けると

$$4(n-2) > 8(n-4)$$

ゆえに　$n < 6$

$P_1 = P_2$ とすると $\dfrac{4}{n(n-1)} = \dfrac{8(n-4)}{n(n-1)(n-2)}$

これを解くと　$n = 6$

$P_1 < P_2$ とすると $\dfrac{4}{n(n-1)} < \dfrac{8(n-4)}{n(n-1)(n-2)}$

これを解くと　$n > 6$

したがって，$n = 5$ のとき $P_1 > P_2$，$n = 6$ のとき $P_1 = P_2$，$n \geqq 7$ のとき $P_1 < P_2$　答

問題 2.10　**分野：2次関数／数列**

xy 平面において，曲線 $y=|x^2+3x-10|$ と直線 $y=2x+20$ で囲まれた部分の周または内部にある格子点の個数を求めよ。ただし，x 座標，y 座標がいずれも整数である点を格子点という。

【考え方のポイント】

はじめに曲線と直線で囲まれた部分を図示し，次に，その領域を分割したり，平行移動したりして，格子点の個数が求めやすくなるよう工夫します。格子点の個数が多いときはΣ計算で求めるのが有力な方法です。

解答

$y=|x^2+3x-10|$ ……①，$y=2x+20$ ……② とする。

曲線①と x 軸の共有点の x 座標は，方程式 $|x^2+3x-10|=0$ を解いて　$x=-5,\ 2$

次に，曲線①と直線②の共有点の x 座標を求める。

[1]　$x^2+3x-10 \geqq 0$ すなわち $x \leqq -5,\ 2 \leqq x$ のとき

方程式 $x^2+3x-10=2x+20$ を解くと　$x=-6,\ 5$

これは $x \leqq -5,\ 2 \leqq x$ を満たす。

[2]　$x^2+3x-10<0$ すなわち $-5<x<2$ のとき

方程式 $-x^2-3x+10=2x+20$ は，(判別式)$=-15<0$ より，解なし

[1]，[2] より　$x=-6,\ 5$

よって，曲線①と直線②の共有点の座標は $(-6,\ 8)$，$(5,\ 30)$

以上により，曲線①と直線②で囲まれた部分を図示すると，右図の網目部分となる。この網目部分を

[1]　$-6 \leqq x < -5$，　[2]　$-5 \leqq x \leqq 2$，　[3]　$2 < x \leqq 5$

の3つの領域に分けて，格子点の個数を求める。　（※1）

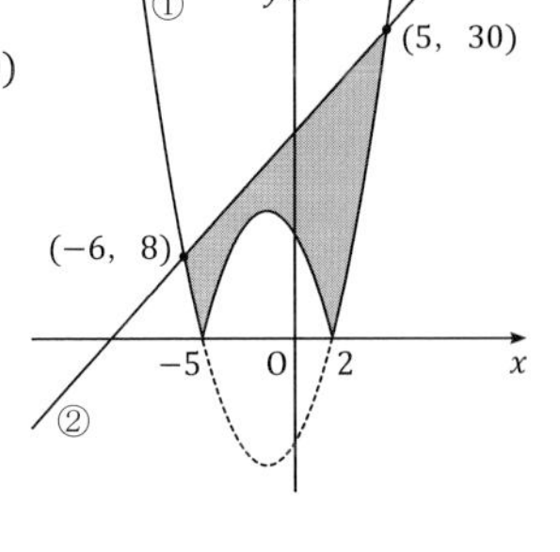

[1]　$-6 \leqq x < -5$ のとき

格子点は $(-6,\ 8)$ の1個である。

[2]　$-5 \leqq x \leqq 2$ のとき

この領域内の格子点全体を x 軸方向に6だけ平行移動して考える。

放物線 $y=-x^2-3x+10$ と直線②をそれぞれ x 軸方向に6だけ平行移動すると，

放物線の方程式は $y=-(x-6)^2-3(x-6)+10=-x^2+9x-8$ ……③　（※2）

直線の方程式は $y=2(x-6)+20=2x+8$ ……④

となるから，放物線③，直線④，直線 $x=1$，直線 $x=8$ で囲まれる部分の周または内部にある格子点の個数は

$$\sum_{k=1}^{8}\{2k+8-(-k^2+9k-8)+1\}$$　（※3）

$$= \sum_{k=1}^{8}(k^2 - 7k + 17) = \frac{1}{6}\cdot 8\cdot 9\cdot 17 - 7\cdot\frac{1}{2}\cdot 8\cdot 9 + 17\cdot 8 = 88 \qquad (※4)$$

[3] $2 < x \leqq 5$ のとき

格子点の個数は

$$\sum_{k=3}^{5}\{(2k+20)-(k^2+3k-10)+1\} = \sum_{k=3}^{5}(-k^2-k+31)$$

$$= (-9-3+31)+(-16-4+31)+(-25-5+31) = 31 \qquad (※5)$$

[1]，[2]，[3] より，求める格子点の個数は　$1 + 88 + 31 = 120$　答

（※1）
別のアプローチとして，
図1網目部分の格子点の個数から，
図2網目部分の格子点の個数の2倍を
引くという方法もあります。

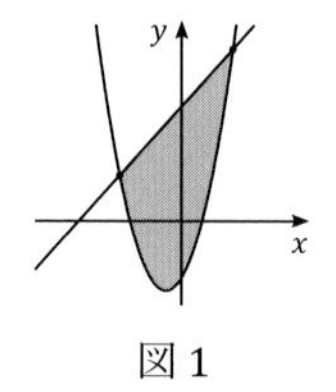

図1

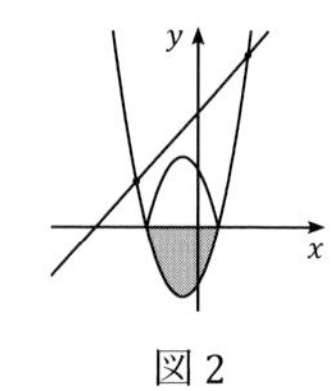

図2

（※2）平行移動

> 関数 $y = f(x)$ のグラフを x 軸方向に p，y 軸方向に q だけ平行移動して得られる図形の方程式は　$y - q = f(x - p)$

（※3）
境界線上にも格子点はありますから，1を足さなければなりません。

（※4）数列の和の公式

$$\sum_{k=1}^{n}1 = n,\quad \sum_{k=1}^{n}k = \frac{1}{2}n(n+1),\quad \sum_{k=1}^{n}k^2 = \frac{1}{6}n(n+1)(2n+1),\quad \sum_{k=1}^{n}k^3 = \left\{\frac{1}{2}n(n+1)\right\}^2$$

（※5）

$$\sum_{k=3}^{5}(-k^2-k+31) = \sum_{k=1}^{5}(-k^2-k+31) - \sum_{k=1}^{2}(-k^2-k+31)$$

$$= -\frac{1}{6}\cdot 5\cdot 6\cdot 11 - \frac{1}{2}\cdot 5\cdot 6 + 31\cdot 5 - \left(-\frac{1}{6}\cdot 2\cdot 3\cdot 5 - \frac{1}{2}\cdot 2\cdot 3 + 31\cdot 2\right) = 31$$

のように，（※4）の公式を用いて計算することもできますが，「解答」のように直接 $k = 3,\ 4,\ 5$ を代入するのが手っ取り早いでしょう。

問題 2.11　**分野：数列／場合の数**

xyz 空間において，連立不等式

$$\begin{cases} n \leqq x+y+z \leqq 2n \\ x \geqq 0 \\ y \geqq 0 \\ z \geqq 0 \end{cases}$$

で表される領域を D とする。ただし，n は自然数である。領域 D に含まれる格子点（x 座標，y 座標，z 座標がいずれも整数である点）の個数を求めよ。

【考え方のポイント】

領域 D に含まれる格子点を，平面 $x+y+z=n$ 上の格子点，平面 $x+y+z=n+1$ 上の格子点，……，平面 $x+y+z=2n$ 上の格子点に分けて考えると，重複組合せを利用できます。Σ 計算の工夫の仕方は「補充問題 9」を参照してください。「別解」のように新しく文字 w を導入しても，重複組合せを利用できます。

解答

k は $n \leqq k \leqq 2n$ を満たす自然数とする。

4 つの条件 $x+y+z=k$, $x \geqq 0$, $y \geqq 0$, $z \geqq 0$ を満たす格子点 $(x,\ y,\ z)$ の個数は，（※ 1）

k 個の記号 ○ と 2 個の仕切り | を一列に並べる順列の総数 ${}_{k+2}\mathrm{C}_2$ に等しい。（※ 2）

したがって，求める格子点の個数は

$$\begin{aligned}
\sum_{k=n}^{2n} {}_{k+2}\mathrm{C}_2 &= \sum_{k=n}^{2n} \frac{(k+2)(k+1)}{2} \qquad \text{（※ 3）} \\
&= \frac{1}{6}\sum_{k=n}^{2n}\{(k+3)(k+2)(k+1)-(k+2)(k+1)k\} \\
&= \frac{1}{6}\{(n+3)(n+2)(n+1)-(n+2)(n+1)n \\
&\qquad +(n+4)(n+3)(n+2)-(n+3)(n+2)(n+1) \\
&\qquad +\cdots\cdots+(2n+3)(2n+2)(2n+1)-(2n+2)(2n+1)2n\} \\
&= \frac{1}{6}\{(2n+3)(2n+2)(2n+1)-(n+2)(n+1)n\} \\
&= \frac{1}{6}(n+1)\{2(2n+3)(2n+1)-(n+2)n\} \\
&= \frac{1}{6}(n+1)(7n^2+14n+6) \quad \boxed{\text{答}}
\end{aligned}$$

（※ 1）重複組合せ

> 異なる n 個のものから重複を許して r 個取る組合せの総数は　${}_n\mathrm{H}_r = {}_{n+r-1}\mathrm{C}_r$

答案では，${}_3\mathrm{H}_k$ と記述しても構いません。${}_3\mathrm{H}_k = {}_{3+k-1}\mathrm{C}_k = {}_{k+2}\mathrm{C}_k = {}_{k+2}\mathrm{C}_2$ となります。

（※２）

例えば $k=6$ として，格子点 $(1,\ 2,\ 3)$ には ○｜○○｜○○○ という順列を対応させます。

総数 ${}_{k+2}\mathrm{C}_2$ のところでは，$\dfrac{(k+2)!}{k!\,2!}$ と考えることもできます。

（※３）

やや煩雑になりますが，$\displaystyle\sum_{k=1}^{2n}\frac{1}{2}(k^2+3k+2)-\sum_{k=1}^{n-1}\frac{1}{2}(k^2+3k+2)$ と変形してもよいでしょう。

これを数列の和の公式により計算すると，

$$\frac{1}{3}n(4n^2+12n+11)-\frac{1}{6}(n-1)(n^2+4n+6)=\frac{1}{6}(7n^3+21n^2+20n+6)$$

という結果が得られます。

別解

４つの条件 $x+y+z\leqq 2n$，$x\geqq 0$，$y\geqq 0$，$z\geqq 0$ を満たす整数の組 $(x,\ y,\ z)$ の個数は，$w=2n-x-y-z$ とおいて考えると，５つの条件 $x+y+z+w=2n$，$x\geqq 0$，$y\geqq 0$，$z\geqq 0$，$w\geqq 0$ を満たす整数の組 $(x,\ y,\ z,\ w)$ の個数に等しく，これは $2n$ 個の記号 ○ と３個の仕切り ｜ を一列に並べる順列の総数 ${}_{2n+3}\mathrm{C}_3$ に等しい。　（※４）

同様に，４つの条件 $x+y+z\leqq n-1$，$x\geqq 0$，$y\geqq 0$，$z\geqq 0$ を満たす整数の組 $(x,\ y,\ z)$ の個数は，$(n-1)$ 個の記号 ○ と３個の仕切り ｜ を一列に並べる順列の総数 ${}_{n+2}\mathrm{C}_3$ に等しい。

したがって，求める格子点の個数は

$$\begin{aligned}{}_{2n+3}\mathrm{C}_3-{}_{n+2}\mathrm{C}_3&=\frac{(2n+3)(2n+2)(2n+1)}{3\cdot 2\cdot 1}-\frac{(n+2)(n+1)n}{3\cdot 2\cdot 1}\\&=\frac{1}{6}(n+1)\{2(2n+3)(2n+1)-(n+2)n\}\\&=\frac{1}{6}(n+1)(7n^2+14n+6)\quad\boxed{答}\end{aligned}$$

（※４）

答案では，${}_4\mathrm{H}_{2n}$ と記述しても構いません。${}_4\mathrm{H}_{2n}={}_{4+2n-1}\mathrm{C}_{2n}={}_{2n+3}\mathrm{C}_{2n}={}_{2n+3}\mathrm{C}_3$ となります。

【補充問題９】（解答 p. 168）

次の和を求めよ。

(1) $\displaystyle\sum_{k=1}^{n}k(k+1)$　　　**(2)** $\displaystyle\sum_{k=1}^{n}k(k+1)(k+2)$

問題 2.12　分野：図形の性質／三角比／三角関数

△ABC とその外接円 O があり，点 C における外接円 O の接線が，辺 AB を B の方に延長した半直線 AB と点 D で交わるとする。$\angle\mathrm{ADC} = 60°$ であるとき，次の問いに答えよ。

(1)　$\mathrm{BD} < \mathrm{BC} < \mathrm{DC}$ であることを示せ。

(2)　$\cos\angle\mathrm{ABC} = \dfrac{1}{\sqrt{6}} - \dfrac{1}{2}$ とする。3 辺の長さの比 BD : BC : DC を求めよ。

【考え方のポイント】

(1) では，△BDC において，3 つの内角の大小関係を導けば 3 辺の大小関係を示せます。

(2) では，△BDC において正弦定理を比の形で利用します。

---

(1) **証明**

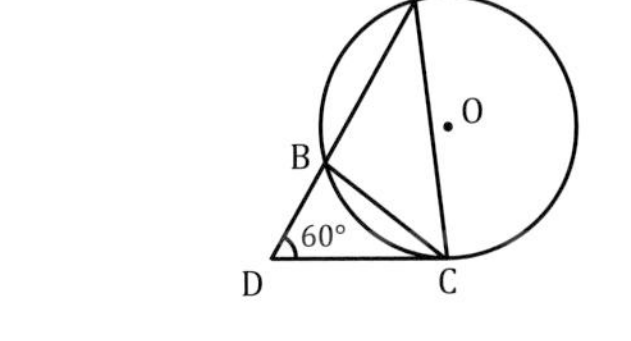

方べきの定理により　$\mathrm{DB} \times \mathrm{DA} = \mathrm{DC}^2$　（※ 1）

$\mathrm{DB} \geqq \mathrm{DC}$ とすると，

$\mathrm{DA} > \mathrm{DB}$ より $\mathrm{DB} \times \mathrm{DA} > \mathrm{DC}^2$

となって矛盾するから，$\mathrm{DB} < \mathrm{DC}$ である。

△BDC において，大きい辺に対する角は，小さい辺に対する角より大きいから　（※ 2）

$\angle\mathrm{DCB} < \angle\mathrm{DBC}$　……①

△BDC の内角の和は 180° であるから

$\angle\mathrm{DCB} + \angle\mathrm{DBC} = 180° - 60° = 120°$

$\angle\mathrm{DBC} = 120° - \angle\mathrm{DCB}$ を ① に代入すると $\angle\mathrm{DCB} < 60°$ が得られ，

$\angle\mathrm{DCB} = 120° - \angle\mathrm{DBC}$ を ① に代入すると $60° < \angle\mathrm{DBC}$ が得られる。

よって　$\angle\mathrm{DCB} < 60° < \angle\mathrm{DBC}$

すなわち　$\angle\mathrm{DCB} < \angle\mathrm{BDC} < \angle\mathrm{DBC}$

したがって，△BDC において，大きい角に対する辺は，小さい角に対する辺より大きいから，

$\mathrm{BD} < \mathrm{BC} < \mathrm{DC}$ が示された。終

（※ 1）方べきの定理

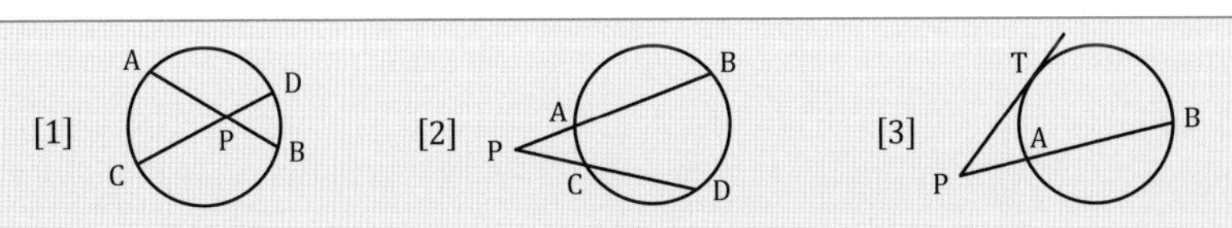

[1] [2]　点 P を通る 2 直線が円と点 A，B および C，D で交わるとすると　$\mathrm{PA} \cdot \mathrm{PB} = \mathrm{PC} \cdot \mathrm{PD}$

[3]　円の弦 AB の延長上の点 P から円に接線を引き，接点を T とすると　$\mathrm{PA} \cdot \mathrm{PB} = \mathrm{PT}^2$

（※２）三角形の辺と角の大小関係

１つの三角形において，
辺の大小関係とその対角の大小関係は一致します。

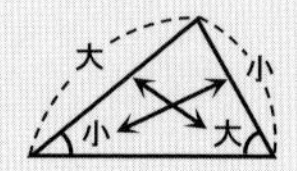

(2) **解答**

$\angle \mathrm{DBC} = \theta$ とおくと

$$\cos\theta = \cos(180° - \angle \mathrm{ABC}) = -\cos\angle \mathrm{ABC} = -\left(\frac{1}{\sqrt{6}} - \frac{1}{2}\right) = \frac{3-\sqrt{6}}{6}$$

$$\sin\theta = \sqrt{1-\cos^2\theta} = \sqrt{1-\left(\frac{3-\sqrt{6}}{6}\right)^2} = \sqrt{1-\frac{5-2\sqrt{6}}{12}} = \sqrt{\frac{7+2\sqrt{6}}{12}}$$

$$= \sqrt{\frac{\left(\sqrt{6}+1\right)^2}{12}} = \frac{\sqrt{6}+1}{2\sqrt{3}} = \frac{3\sqrt{2}+\sqrt{3}}{6} \qquad （※３）$$

$\angle \mathrm{DCB} = 120° - \theta$ であり

$$\sin(120°-\theta) = \sin 120° \cos\theta - \cos 120° \sin\theta = \frac{\sqrt{3}}{2}\cos\theta + \frac{1}{2}\sin\theta$$

$$= \frac{\sqrt{3}}{2}\cdot\frac{3-\sqrt{6}}{6} + \frac{1}{2}\cdot\frac{3\sqrt{2}+\sqrt{3}}{6} = \frac{\sqrt{3}}{3}$$

したがって，$\triangle \mathrm{BDC}$ において正弦定理により

$$\mathrm{BD} : \mathrm{BC} : \mathrm{DC} = \sin(120°-\theta) : \sin 60° : \sin\theta \qquad （※４）$$

$$= \frac{\sqrt{3}}{3} : \frac{\sqrt{3}}{2} : \frac{3\sqrt{2}+\sqrt{3}}{6}$$

$$= 2\sqrt{3} : 3\sqrt{3} : \left(3\sqrt{2}+\sqrt{3}\right)$$

$$= 2 : 3 : \left(1+\sqrt{6}\right)$$ 答

（※３） ２重根号をもつ式の変形

$\sqrt{a \pm 2\sqrt{b}}$ $(a,\ b > 0)$ に対して，和が a，積が b であるような $x,\ y$ $(x > y > 0)$ を考え，

$\sqrt{a \pm 2\sqrt{b}} = \sqrt{x+y \pm 2\sqrt{xy}} = \sqrt{\left(\sqrt{x} \pm \sqrt{y}\right)^2} = \sqrt{x} \pm \sqrt{y}$ （複号同順） と変形します。

（※４）正弦定理の変形

$$\frac{a}{\sin A} = \frac{b}{\sin B} = \frac{c}{\sin C} = 2R$$ （R は $\triangle \mathrm{ABC}$ の外接円の半径）

よって　$a = 2R\sin A$，$b = 2R\sin B$，$c = 2R\sin C$

ゆえに　$a : b : c = \sin A : \sin B : \sin C$

問題 2.13	分野：図形の性質／三角比／三角関数

中心 O，半径 1 の円の周上に，$\angle AOB = 120°$ となるような 2 点 A，B をとり，小さい方の弧 AB の中点を M，大きい方の弧 AB の中点を N とする。また，弧 AMB を弦 AB に関して対称に折り返し，右の図のように弧 AOB をつくる。弧 ANB と弧 AOB に囲まれた領域（ただし，2 点 A，B を除き，境界線を含む）を D として，次の問いに答えよ。

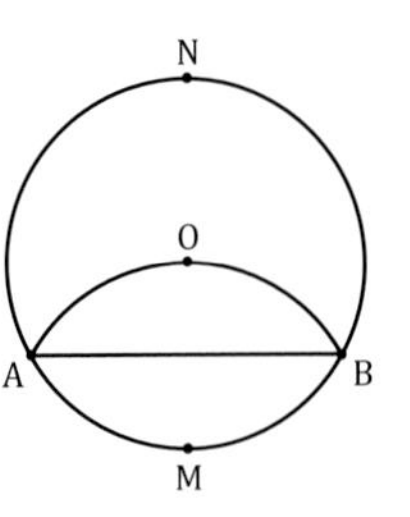

(1) 点 P が領域 D を動くとき，$\angle APB = \theta$ $(0° \leqq \theta \leqq 180°)$ として，θ の最大値と最小値を求めよ。

(2) 2 点 A，B を除く弧 ANB 上に点 P をとる。線分 AP と領域 D が重なった部分を点 P′ が動くとき，$BP' \leqq BP$ であることを示せ。

(3) 点 P が領域 D を動くとき，$AP + 3BP$ の最大値を求めよ。

【考え方のポイント】

(1) は円周角の定理を背景とした問題です。(2) は (1) を利用し，(3) は (2) を利用します。
(3) では，点 P の動く範囲を弧 ANB（2 点 A，B を除く）上に限定すれば，$AP + 3BP$ を 1 変数関数として扱えるので，その最大値が求めやすくなります。

(1) **解答**

弧 AMB に対する中心角は 120° であるから，弧 AMB に対する円周角は 60° である。

領域 D から弧 ANB を除いた部分を点 P が動くとき　$\theta > 60°$　（※1）
したがって，θ の最小値は 60° である。答

点 M に関して点 O と対称な点を C とし，線分 OC を直径とする円を描く。
右図により，弧 ACB に対する中心角は 240° であるから，
弧 ACB に対する円周角は 120° である。

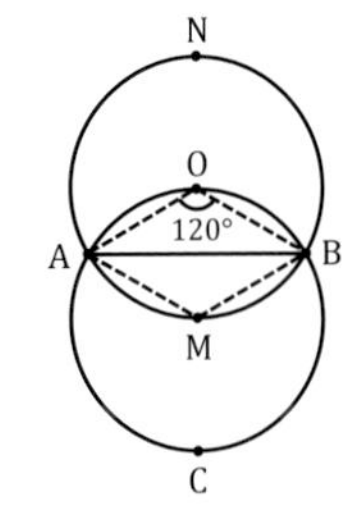

領域 D から弧 AOB を除いた部分を点 P が動くとき　$\theta < 120°$　（※1）
したがって，θ の最大値は 120° である。答

（※1）

> 1 つの円周上に相異なる 3 点 A，B，C があり，
> 点 P が直線 AB に関して点 C と同じ側にあるとすると，
> [1] 点 P が円周上にあるとき　$\angle APB = \angle ACB$
> [2] 点 P が円の内部にあるとき　$\angle APB > \angle ACB$
> [3] 点 P が円の外部にあるとき　$\angle APB < \angle ACB$

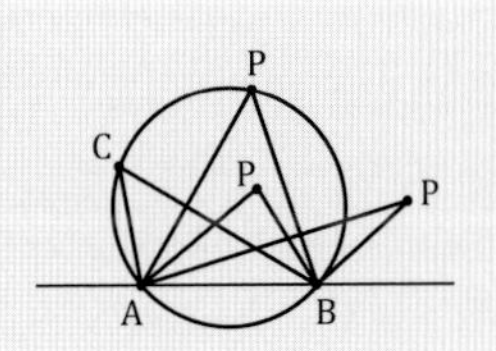

(2) **証明**

点 P′ が点 P と異なる点であるときを考える。

$\angle BP'P = 180° - \angle AP'B$，また (1) より $60° \leqq \angle AP'B \leqq 120°$ であるから　$60° \leqq \angle BP'P \leqq 120°$

△BPP′ において，大きい角に対する辺は，小さい角に対する辺より大きいから，

$\angle BPP' = 60°$ より　$BP' \leqq BP$

点 P′ が点 P と重なる点のときは $BP' = BP$ であり，題意は示された。終

(2) **別解**

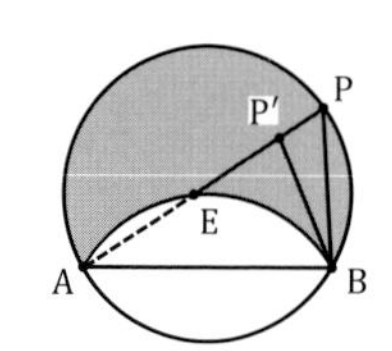

△ABP′ において正弦定理により　$\dfrac{BP'}{\sin\angle BAP'} = \dfrac{AB}{\sin\angle AP'B}$

点 P を固定したとき，$\sin\angle BAP'$ は一定の値をとるから，

BP′ が最大となるのは $\sin\angle AP'B$ が最小となるときであり，

(1) より，それは $\angle AP'B$ が 60° または 120° のときである。

点 P′ が点 P と重なる点のとき　$\angle AP'B = 60°$　（※２）

したがって，$BP' \leqq BP$ が示された。終

（※２）

線分 AP が弧 AOB と点 A とは異なる共有点 E をもち，点 P′ が点 E と重なる点であるとき，

$\angle AP'B = 120°$ となります。

(3) **解答**

(2) において，$AP' \leqq AP$ かつ $BP' \leqq BP$ であるから $AP' + 3BP' \leqq AP + 3BP$ が成立する。

したがって，以下は，点 P の動く範囲を弧 ANB（２点 A，B を除く）上に限定して考える。

$\angle APB = 60°$ であるから，$\angle PAB = \varphi$ とおくと $0° < \varphi < 120°$ であり　$\angle ABP = 120° - \varphi$

△APB において正弦定理により

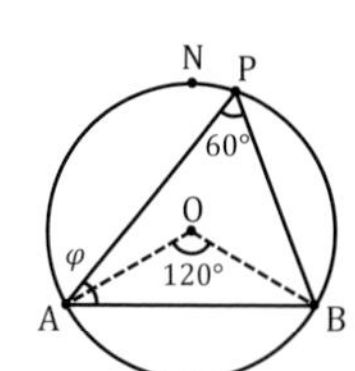

$$\frac{BP}{\sin\varphi} = \frac{AP}{\sin(120° - \varphi)} = \frac{AB}{\sin 60°}$$

△OAB において余弦定理により

$$AB = \sqrt{1^2 + 1^2 - 2\cdot 1\cdot 1\cos 120°} = \sqrt{3}$$

ゆえに　$BP = \dfrac{\sqrt{3}}{\sin 60°}\cdot\sin\varphi = 2\sin\varphi$

$$AP = \frac{\sqrt{3}}{\sin 60°}\cdot\sin(120° - \varphi) = 2(\sin 120°\cos\varphi - \cos 120°\sin\varphi) = \sin\varphi + \sqrt{3}\cos\varphi$$

よって　$AP + 3BP = \sin\varphi + \sqrt{3}\cos\varphi + 3\cdot 2\sin\varphi = 7\sin\varphi + \sqrt{3}\cos\varphi = 2\sqrt{13}\sin(\varphi + \alpha)$

ただし　$\sin\varphi = \dfrac{\sqrt{3}}{2\sqrt{13}}$，$\cos\varphi = \dfrac{7}{2\sqrt{13}}$

$0° < \varphi < 120°$ より $\alpha < \varphi + \alpha < 120° + \alpha$ であるから，

$\varphi + \alpha = 90°$ のとき，$AP + 3BP$ は最大値 $2\sqrt{13}$ をとる。答

問題 2.14　分野：三角関数／式と証明

$0<\theta<\dfrac{\pi}{2}$ のとき，$\dfrac{\sin\theta\cos\theta}{3\cos^2\theta+1}$ の最大値を求めよ。

【考え方のポイント】

与えられた式は，$\sin\theta$ と $\cos\theta$ の 2 つの三角関数を含んでいるため，1 つの三角関数で表せないかと考えると，$\tan\theta$ のみの式に変形できることがわかります。次に，相加平均と相乗平均の関係を利用できることに気が付けば，最大値は容易に求まります。なお，数学Ⅲの微分法が既習であれば，三角関数の微分を用いる方法も有力です。

解答

$\cos\theta\neq 0$ であるから，与式の分母と分子を $\cos^2\theta$ で割って

$$\frac{\sin\theta\cos\theta}{3\cos^2\theta+1}=\frac{\dfrac{\sin\theta}{\cos\theta}}{3+\dfrac{1}{\cos^2\theta}}=\frac{\tan\theta}{3+1+\tan^2\theta}=\frac{\tan\theta}{\tan^2\theta+4}\quad\cdots\cdots①\quad(※1)$$

$\tan\theta\neq 0$ であるから，この分母と分子を $\tan\theta$ で割って　$①=\dfrac{1}{\tan\theta+\dfrac{4}{\tan\theta}}$

$0<\theta<\dfrac{\pi}{2}$ のとき $\tan\theta>0$，$\dfrac{4}{\tan\theta}>0$ であるから，相加平均と相乗平均の関係により

$$\tan\theta+\frac{4}{\tan\theta}\geqq 2\sqrt{\tan\theta\cdot\frac{4}{\tan\theta}}=4$$

ただし，等号が成立するのは $\tan\theta=\dfrac{4}{\tan\theta}$ すなわち $\tan\theta=2$ のときである。

したがって，$\dfrac{\sin\theta\cos\theta}{3\cos^2\theta+1}$ すなわち $\dfrac{1}{\tan\theta+\dfrac{4}{\tan\theta}}$ の最大値は $\dfrac{1}{4}$ 　答

（※1）① 以下の別解（概略）

$\tan\theta=x$ とおくと $x>0$ であり，$\dfrac{x}{x^2+4}$ の最大値を求めればよい。

k は正の実数として，k が $\dfrac{x}{x^2+4}$ のとりうる値の範囲に属するための条件は，$k=\dfrac{x}{x^2+4}$ すなわち $kx^2-x+4k=0$ ……② を満たす正の実数 x が存在することである。

放物線 $y=kx^2-x+4k$ は下に凸で，（軸の位置）>0，（y 切片）>0 であるから，条件は（② の判別式）$\geqq 0$ となる。したがって $0<k\leqq\dfrac{1}{4}$ が得られ，最大値は $\dfrac{1}{4}$

【補充問題 10】（解答 p.169）

$0\leqq\theta<2\pi$ のとき，$\dfrac{\sin\theta+2}{\cos\theta+2}$ のとりうる値の範囲を求めよ。

問題 2.15　分野：三角関数／2次関数

2次方程式 $x^2-3(\cos\theta)x-2\sqrt{2}\sin\theta+3=0$ の実数解のとりうる値の範囲を求めよ。ただし，$0\leqq\theta<2\pi$ とする。

【考え方のポイント】

求める値の範囲を W とおくと，実数 X に対して

$X\in W \iff$「$X^2-3(\cos\theta)X-2\sqrt{2}\sin\theta+3=0$ を満たす θ $(0\leqq\theta<2\pi)$ が存在する」

と考え，以下この条件を同値性に気を付けながら変形します。「解答」のように，x を X に置き換えずにそのまま用いても，同じ意味になります。「問題 2.16 ～ 2.17」が関連問題です。

解答

x は実数として，x が求める値の範囲に属するための条件は，

$x^2-3(\cos\theta)x-2\sqrt{2}\sin\theta+3=0$ ……① を満たす θ $(0\leqq\theta<2\pi)$ が存在することである。

① を変形すると　$2\sqrt{2}\sin\theta+3x\cos\theta=x^2+3$

よって　$\sqrt{\left(2\sqrt{2}\right)^2+(3x)^2}\sin(\theta+\alpha)=x^2+3$　すなわち　$\sin(\theta+\alpha)=\dfrac{x^2+3}{\sqrt{9x^2+8}}$

ただし　$\sin\alpha=\dfrac{3x}{\sqrt{9x^2+8}}$，$\cos\alpha=\dfrac{2\sqrt{2}}{\sqrt{9x^2+8}}$

$0\leqq\theta<2\pi$ より $\alpha\leqq\theta+\alpha<2\pi+\alpha$ であるから，条件は　$\dfrac{x^2+3}{\sqrt{9x^2+8}}\leqq 1$（左辺は常に正）

両辺は正であり，両辺を2乗しても同値性は崩れないから，これを変形すると

$$(x^2+3)^2\leqq 9x^2+8$$

ゆえに　$x^4-3x^2+1\leqq 0$

$x^2=t$ $(t\geqq 0)$ とおくと　$t^2-3t+1\leqq 0$

これを解くと $\dfrac{3-\sqrt{5}}{2}\leqq t\leqq\dfrac{3+\sqrt{5}}{2}$ であり，$t\geqq 0$ を満たす。

よって　$\dfrac{3-\sqrt{5}}{2}\leqq x^2\leqq\dfrac{3+\sqrt{5}}{2}$　（※1）

$\sqrt{\dfrac{3-\sqrt{5}}{2}}=\sqrt{\dfrac{6-2\sqrt{5}}{4}}=\dfrac{\sqrt{5}-1}{2}$，$\sqrt{\dfrac{3+\sqrt{5}}{2}}=\sqrt{\dfrac{6+2\sqrt{5}}{4}}=\dfrac{\sqrt{5}+1}{2}$ であるから，

求める値の範囲は　$-\dfrac{\sqrt{5}+1}{2}\leqq x\leqq-\dfrac{\sqrt{5}-1}{2}$，$\dfrac{\sqrt{5}-1}{2}\leqq x\leqq\dfrac{\sqrt{5}+1}{2}$　答

（※1）

例えば，不等式 $4\leqq x^2\leqq 9$ の解が $-3\leqq x\leqq -2$, $2\leqq x\leqq 3$ であることが直観的にわかれば，これと同じ要領で解くことができます。あるいは，$\dfrac{3-\sqrt{5}}{2}\leqq x^2$ と $x^2\leqq\dfrac{3+\sqrt{5}}{2}$ をそれぞれ解き，それらの共通範囲を求めてもよいでしょう。

問題 2.16　分野：三角関数／図形と式

θ が $-\dfrac{\pi}{2} \leqq \theta \leqq \dfrac{\pi}{2}$ の範囲を動くとき，

$$\begin{cases} x = \cos\theta - \sin\theta + 1 \\ y = \sin 2\theta \end{cases}$$

で定まる点 $(x,\ y)$ の軌跡を求め，図示せよ。

【考え方のポイント】

求める軌跡を W とおくと，座標平面上の点 $(X,\ Y)$ に対して

$(X,\ Y) \in W \iff$「$X = \cos\theta - \sin\theta + 1$ かつ $Y = \sin 2\theta$ を満たす $\theta\left(-\dfrac{\pi}{2} \leqq \theta \leqq \dfrac{\pi}{2}\right)$ が存在する」

と考え，θ の存在条件を求めることになります。最終的に X に範囲の制限がつくのはそのためです。「解答」では，$(X,\ Y)$ と同じ意味で $(x,\ y)$ を用いています。

解答

点 $(x,\ y)$ が求める軌跡に属するための条件は，

$\begin{cases} x = \cos\theta - \sin\theta + 1 & \cdots\cdots ① \\ y = \sin 2\theta & \cdots\cdots ② \end{cases}$ を満たす $\theta\left(-\dfrac{\pi}{2} \leqq \theta \leqq \dfrac{\pi}{2}\right)$ が存在すること（＊）である。

① より　$\cos\theta - \sin\theta = x - 1$　$\cdots\cdots ①'$

② より　$y = 2\sin\theta\cos\theta = 1 - (\cos\theta - \sin\theta)^2$　$\cdots\cdots ②'$

①′ を ②′ に代入して　$y = -(x-1)^2 + 1$　$\cdots\cdots ③$

①′ を変形すると　$-\sqrt{2}\sin\left(\theta - \dfrac{\pi}{4}\right) = x - 1$　（※１）

ゆえに　$x = 1 - \sqrt{2}\sin\left(\theta - \dfrac{\pi}{4}\right)$

ここで，$-\dfrac{3}{4}\pi \leqq \theta - \dfrac{\pi}{4} \leqq \dfrac{\pi}{4}$ より　$-1 \leqq \sin\left(\theta - \dfrac{\pi}{4}\right) \leqq \dfrac{1}{\sqrt{2}}$

これを変形して　$0 \leqq 1 - \sqrt{2}\sin\left(\theta - \dfrac{\pi}{4}\right) \leqq 1 + \sqrt{2}$

よって　（＊）$\iff$ ③ かつ $0 \leqq x \leqq 1 + \sqrt{2}$

したがって，求める軌跡は，放物線 $y = -(x-1)^2 + 1$ の $0 \leqq x \leqq 1 + \sqrt{2}$ の部分であり，右図のようになる。答

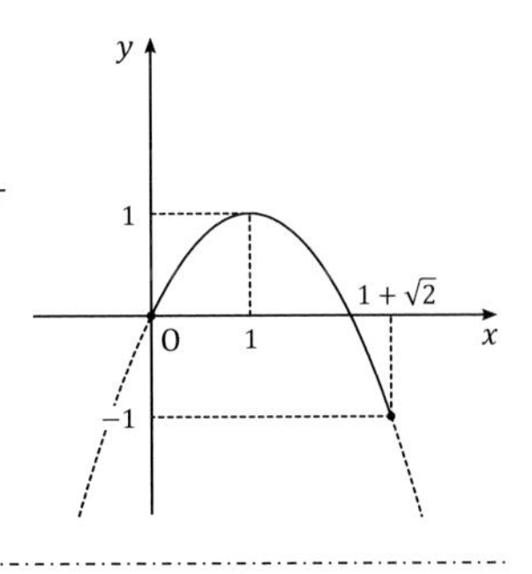

（※１）

三角関数を合成（p.46 ※２参照）しましたが，

$$\cos\theta - \sin\theta = \sqrt{2}\left(\frac{1}{\sqrt{2}}\cos\theta - \frac{1}{\sqrt{2}}\sin\theta\right) = \sqrt{2}\left(\cos\theta\cos\frac{\pi}{4} - \sin\theta\sin\frac{\pi}{4}\right) = \sqrt{2}\cos\left(\theta + \frac{\pi}{4}\right)$$

と合成することもできます。

問題 2.17	分野：三角関数／図形と式

θ が $0 \leqq \theta < 2\pi$ を満たして変化するとき，xy 平面上の直線

$$3(\cos\theta)x - (1+\sin\theta)y - 2\sin\theta = 0$$

の通りうる範囲を図示せよ。

【考え方のポイント】

与えられた直線を l，求める領域を W とすると，座標平面上の点 $(X,\ Y)$ に対して

$(X,\ Y) \in W \iff$「点 $(X,\ Y)$ を通る直線 l が存在する」

$\iff$「$3(\cos\theta)X - (1+\sin\theta)Y - 2\sin\theta = 0$ を満たす θ $(0 \leqq \theta < 2\pi)$ が存在する」

と考え，以下この条件を同値性に気を付けながら変形します。

解答

点 $(X,\ Y)$ が求める範囲に属するための条件は，$3(\cos\theta)X - (1+\sin\theta)Y - 2\sin\theta = 0$ …① を満たす θ $(0 \leqq \theta < 2\pi)$ が存在すること（$*$）である。

① を変形すると　$(Y+2)\sin\theta - 3X\cos\theta = -Y$　…②

[1]　$(X,\ Y) = (0,\ -2)$ のとき

（② の左辺）$= 0$，（② の右辺）$= 2$ となり，② は成立しない。

すなわち，① を満たす θ $(0 \leqq \theta < 2\pi)$ は存在しない。

[2]　$(X,\ Y) \neq (0,\ -2)$ のとき

② を変形すると　$\sqrt{(Y+2)^2 + (-3X)^2}\sin(\theta+\alpha) = -Y$

すなわち　$\sin(\theta+\alpha) = \dfrac{-Y}{\sqrt{9X^2+(Y+2)^2}}$　（分母は 0 でない）

ただし　$\sin\alpha = \dfrac{-3X}{\sqrt{9X^2+(Y+2)^2}}$，$\cos\alpha = \dfrac{Y+2}{\sqrt{9X^2+(Y+2)^2}}$

$0 \leqq \theta < 2\pi$ より $\alpha \leqq \theta + \alpha < 2\pi + \alpha$ であるから，条件は

$$-1 \leqq \frac{-Y}{\sqrt{9X^2+(Y+2)^2}} \leqq 1 \quad \text{すなわち} \quad \frac{|-Y|}{\sqrt{9X^2+(Y+2)^2}} \leqq 1$$

両辺は 0 以上であり，両辺を 2 乗しても同値性は崩れないから，これを変形すると

$$Y^2 \leqq 9X^2 + (Y+2)^2 \quad \text{すなわち} \quad Y \geqq -\frac{9}{4}X^2 - 1$$

これは $(X,\ Y) \neq (0,\ -2)$ を満たす。

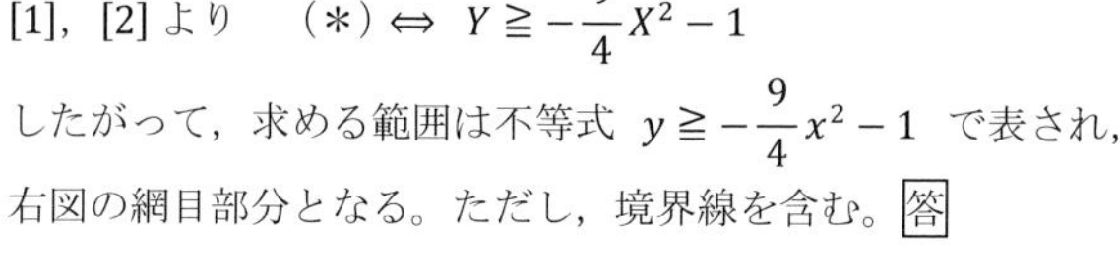

[1]，[2] より　$(*) \iff Y \geqq -\dfrac{9}{4}X^2 - 1$

したがって，求める範囲は不等式 $y \geqq -\dfrac{9}{4}x^2 - 1$ で表され，

右図の網目部分となる。ただし，境界線を含む。答

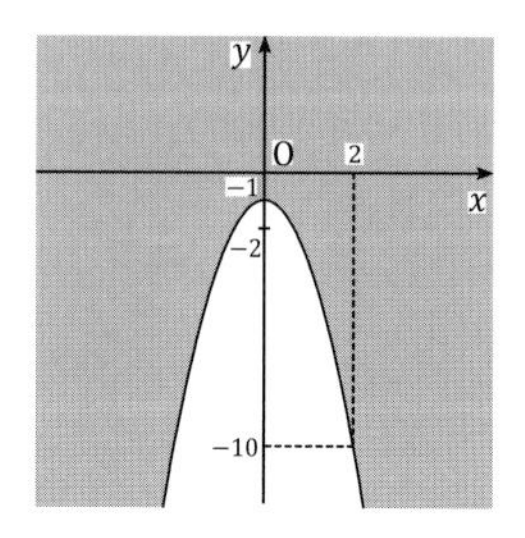

問題 2.18　分野：三角関数／微分法

関数　$y = \sin 3\theta + 9(\sin\theta + \cos^2\theta) - 12 \quad (0 \leqq \theta < 2\pi)$ の最大値と最小値を求めよ。また，そのときの θ の値を求めよ。

【考え方のポイント】

$\sin 3\theta$ と $\cos^2\theta$ を $\sin\theta$ を用いて表すことにより，関数が $\sin\theta$ の式に変形できます。$\sin\theta = t$ とおくと，y は t の 3 次関数となります。

解答

$$\sin 3\theta = \sin(2\theta + \theta) = \sin 2\theta\cos\theta + \cos 2\theta\sin\theta = 2\sin\theta\cos^2\theta + (1 - 2\sin^2\theta)\sin\theta$$
$$= 2\sin\theta(1 - \sin^2\theta) + \sin\theta - 2\sin^3\theta = 3\sin\theta - 4\sin^3\theta \qquad (※1)$$

であるから，与えられた関数を変形すると

$$y = 3\sin\theta - 4\sin^3\theta + 9(\sin\theta + 1 - \sin^2\theta) - 12$$
$$= -4\sin^3\theta - 9\sin^2\theta + 12\sin\theta - 3$$

$\sin\theta = t$ とおくと，$-1 \leqq t \leqq 1$ であり

$$y = -4t^3 - 9t^2 + 12t - 3$$
$$y' = -12t^2 - 18t + 12 = -6(t + 2)(2t - 1)$$

$y' = 0$ とすると　$t = \dfrac{1}{2}$

よって，次の増減表を得る。

t	-1	……	$\frac{1}{2}$	……	1
y'		$+$	0	$-$	
y	-20	↗	$\frac{1}{4}$	↘	-4

したがって，y は　$t = \dfrac{1}{2}$　すなわち　$\theta = \dfrac{\pi}{6}$，$\dfrac{5}{6}\pi$　で最大値 $\dfrac{1}{4}$，

$t = -1$　すなわち　$\theta = \dfrac{3}{2}\pi$　で最小値 -20 をとる。答

（※１）３倍角の公式

$$\sin 3\theta = 3\sin\theta - 4\sin^3\theta$$
$$\cos 3\theta = 4\cos^3\theta - 3\cos\theta$$

答案では，とくに指示がなければ，３倍角の公式の導出過程は省略して構いません。

問題 2.19　分野：1 次関数／指数関数／対数関数

関数 $f(x) = 2^a(x+1) - 3\cdot 2^{-a}(x+2)$ の区間 $0 \leqq x \leqq 4$ における最小値が 1 であるとき，定数 a の値を求めよ。

【考え方のポイント】

関数 $f(x)$ は，グラフが直線になります。区間 $0 \leqq x \leqq 4$ において，直線の傾きが正のときは $x=0$ で最小値をとり（左図），直線の傾きが負のときは $x=4$ で最小値をとります（右図）。

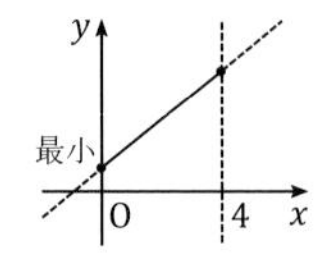

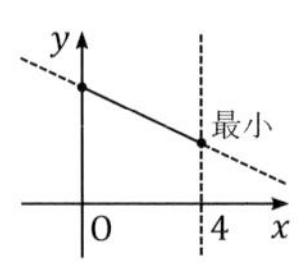

解答

与えられた関数を変形すると　$f(x) = (2^a - 3\cdot 2^{-a})x + 2^a - 3\cdot 2^{1-a}$

この関数のグラフは直線である。以下，直線の傾きについて場合分けする。

[1]　$2^a - 3\cdot 2^{-a} > 0$ のとき

これを変形すると　$2^{2a} > 3$

したがって　$a > \dfrac{1}{2}\log_2 3$　……①

区間 $0 \leqq x \leqq 4$ における最小値は $f(0)$ となるから　$2^a - 3\cdot 2^{1-a} = 1$

これを変形すると　$(2^a)^2 - 2^a - 6 = 0$

左辺を因数分解して　$(2^a - 3)(2^a + 2) = 0$

$2^a > 0$ であるから　$2^a = 3$

ゆえに　$a = \log_2 3$

これは①を満たす。

[2]　$2^a - 3\cdot 2^{-a} = 0$ すなわち $a = \dfrac{1}{2}\log_2 3$ のとき

$$f(x) = 2^a - 3\cdot 2^{1-a} = \sqrt{3} - 3\cdot 2\cdot\frac{1}{\sqrt{3}} = -\sqrt{3}$$

であるから，題意を満たさない。

[3]　$2^a - 3\cdot 2^{-a} < 0$ すなわち $a < \dfrac{1}{2}\log_2 3$　……②　のとき

区間 $0 \leqq x \leqq 4$ における最小値は $f(4)$ となるから　$5\cdot 2^a - 18\cdot 2^{-a} = 1$

これを変形すると　$5(2^a)^2 - 2^a - 18 = 0$

左辺を因数分解して　$(2^a - 2)(5\cdot 2^a + 9) = 0$

$2^a > 0$ であるから　$2^a = 2$

ゆえに　$a = 1$

これは②を満たさない。

[1]，[2]，[3] より，求める a の値は　$a = \log_2 3$　答

問題 2.20　分野：三角関数／複素数と方程式

△ABC において，

$$\tan A + \tan B + \tan C = 8,\quad \frac{1}{\tan A} + \frac{1}{\tan B} + \frac{1}{\tan C} = 2,\quad 0° < A \leqq B \leqq C < 90°$$

であるとき，$\tan A$，$\tan B$，$\tan C$ の値をそれぞれ求めよ。

【考え方のポイント】

$A + B + C = 180°$ という関係式をどう利用するかを考えます。$\tan A = \alpha$, $\tan B = \beta$, $\tan C = \gamma$ とおくと，α，β，γ の基本対称式 $\alpha + \beta + \gamma$，$\alpha\beta + \beta\gamma + \gamma\alpha$，$\alpha\beta\gamma$ の値がわかれば，α，β，γ を解とする 3 次方程式がつくれて，それを解けばよいことになります。

解答

△ABC の内角の和は 180° であるから　$A + B = 180° - C$

これを変形すると　$\tan(A + B) = \tan(180° - C)$　より　$\dfrac{\tan A + \tan B}{1 - \tan A \tan B} = -\tan C$

両辺に $1 - \tan A \tan B$ を掛けて整理すると

$$\tan A + \tan B + \tan C - \tan A \tan B \tan C = 0 \quad (※1)$$

$\tan A + \tan B + \tan C = 8$ ……①　であるから　$\tan A \tan B \tan C = 8$ ……②

$\dfrac{1}{\tan A} + \dfrac{1}{\tan B} + \dfrac{1}{\tan C} = 2$ の両辺に $\tan A \tan B \tan C$ を掛けると，② より

$$\tan A \tan B + \tan B \tan C + \tan C \tan A = 16 \quad \cdots\cdots ③$$

①，②，③ より，3 つの数 $\tan A$，$\tan B$，$\tan C$ を解とする 3 次方程式の 1 つは

$$x^3 - 8x^2 + 16x - 8 = 0 \quad (※2)$$

左辺を因数分解して　$(x - 2)(x^2 - 6x + 4) = 0$

これを解くと　$x = 2,\ 3 \pm \sqrt{5}$

$0° < A \leqq B \leqq C < 90°$ より　$\tan A \leqq \tan B \leqq \tan C$ であるから

$$\tan A = 3 - \sqrt{5},\ \tan B = 2,\ \tan C = 3 + \sqrt{5}$$ 答

（※1）

次のような導き方もあります。

$A + B + C = 180°$ より　$\tan(A + B + C) = 0$　（$0° < A + B + C < 270°$ のため同値です）

$$\tan(A + B + C) = \frac{\tan(A + B) + \tan C}{1 - \tan(A + B)\tan C} = \cdots\cdots = \frac{\tan A + \tan B + \tan C - \tan A \tan B \tan C}{1 - \tan A \tan B - \tan B \tan C - \tan C \tan A}$$

よって　$\tan A + \tan B + \tan C - \tan A \tan B \tan C = 0$

（※2）

> 3 つの数 α，β，γ を解とする 3 次方程式の 1 つは，$(x - \alpha)(x - \beta)(x - \gamma) = 0$ すなわち
>
> $$x^3 - (\alpha + \beta + \gamma)x^2 + (\alpha\beta + \beta\gamma + \gamma\alpha)x - \alpha\beta\gamma = 0$$

問題 2.21　分野：三角関数／2次関数

a は定数とする。$0 \leqq x < 2\pi$ のとき，次の方程式の解の個数を調べよ。

$$\sin x(1+\cos x) = a - \cos x$$

【考え方のポイント】

与えられた方程式は $\sin x$ と $\cos x$ の対称式です。$\sin x + \cos x = t$ とおくと，その方程式は t の2次方程式に変わります。定数 a を分離するのは頻出の手法です。t に対応する x の個数に気を付けながら，図から視覚的に答えを導きます。「問題 2.22」が関連問題です。

解答

与えられた方程式を変形すると　$\sin x + \cos x + \sin x \cos x = a$　……①

ここで，$\sin x + \cos x = t$ とおく。

この両辺を2乗すると $1 + 2\sin x\cos x = t^2$ であるから　$\sin x \cos x = \dfrac{t^2-1}{2}$

ゆえに，①は $t + \dfrac{t^2-1}{2} = a$ すなわち $\dfrac{1}{2}t^2 + t - \dfrac{1}{2} = a$ となる。

左辺を平方完成すると　$\dfrac{1}{2}(t+1)^2 - 1 = a$　……②

ただし，$t = \sin x + \cos x = \sqrt{2}\sin\left(x + \dfrac{\pi}{4}\right)$　$\left(\dfrac{\pi}{4} \leqq x + \dfrac{\pi}{4} < \dfrac{9}{4}\pi\right)$ より，

t のとりうる値の範囲は $-\sqrt{2} \leqq t \leqq \sqrt{2}$ であり，

$$\begin{cases} t = -\sqrt{2} \text{ または } t = \sqrt{2} \text{ のとき，} t \text{ に対応する } x \text{ は1個} \\ -\sqrt{2} < t < \sqrt{2} \text{ のとき，} t \text{ に対応する } x \text{ は2個} \end{cases} \quad (※1)$$

である。t の方程式②の実数解は，ty 平面の $-\sqrt{2} \leqq t \leqq \sqrt{2}$ の範囲における

放物線 $y = \dfrac{1}{2}(t+1)^2 - 1$ と直線 $y = a$ の共有点の t 座標に等しい。

したがって，右図から，与えられた方程式の解の個数は，

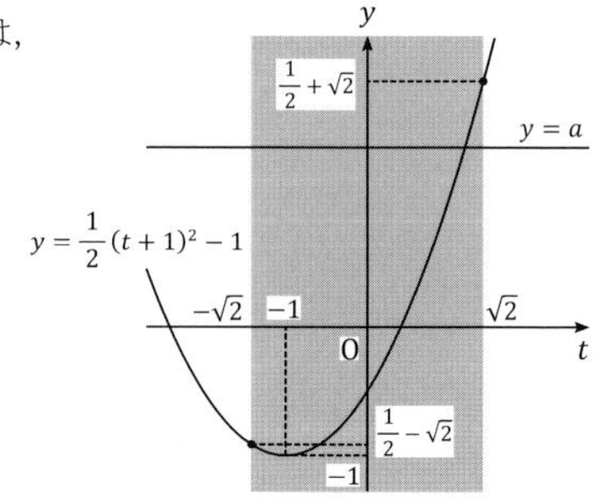

$a < -1$，$\dfrac{1}{2} + \sqrt{2} < a$ のとき　0個

$a = \dfrac{1}{2} + \sqrt{2}$ のとき　1個

$a = -1$，$\dfrac{1}{2} - \sqrt{2} < a < \dfrac{1}{2} + \sqrt{2}$ のとき　2個

$a = \dfrac{1}{2} - \sqrt{2}$ のとき　3個

$-1 < a < \dfrac{1}{2} - \sqrt{2}$ のとき　4個　答

（※1）

右図で，直線 $Y = t$ を動かし，円との共有点の個数を調べます。

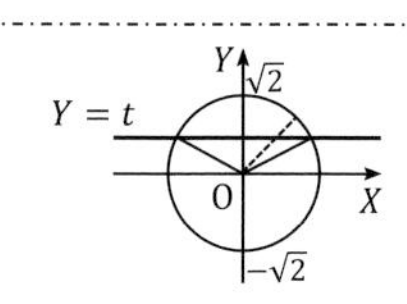

問題 2.22　分野：対数関数／2次関数

a は定数とする。次の方程式の実数解の個数を調べよ。

$$\{\log_2(4x-x^2)\}^2 - a\log_2(4x-x^2) + 3a = 1$$

【考え方のポイント】

$4x - x^2 = k$ とおいて，さらに $\log_2 k = t$ とおくと，与えられた方程式は t の2次方程式に変わります。ただし，t と x の対応関係を考慮しなければなりません。定数 a を含む項を分離すれば，視覚的な考察により答えが導けます。

解答

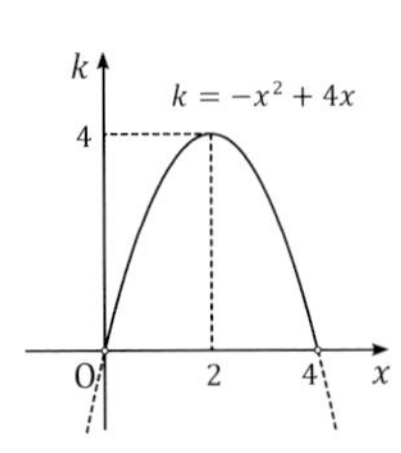

対数の真数は正の数であるから　$4x - x^2 > 0$　すなわち　$0 < x < 4$

$4x - x^2 = k$ とおいて与えられた方程式を変形すると

$$(\log_2 k)^2 - a\log_2 k + 3a = 1 \quad \cdots\cdots ①$$

ただし，右図から，k のとりうる値の範囲は $0 < k \leqq 4$ であり，

$$\begin{cases} 0 < k < 4 \text{ のとき，} k \text{ に対応する } x \text{ は2個} \\ k = 4 \text{ のとき，} k \text{ に対応する } x \text{ は1個} \end{cases}$$

である。次に，$\log_2 k = t$ とおいて ① を変形すると　$t^2 - at + 3a = 1$

よって　$t^2 - 1 = a(t-3)$　$\cdots\cdots$ ②

ただし，右図から，t のとりうる値の範囲は　$t \leqq 2$ であり，

$$\begin{cases} t < 2 \text{ のとき，} t \text{ に対応する } x \text{ は2個} \\ t = 2 \text{ のとき，} t \text{ に対応する } x \text{ は1個} \end{cases}$$

である。t の方程式 ② の実数解は，ty 平面の　$t \leqq 2$ の範囲における

放物線 $y = t^2 - 1$ $\cdots\cdots$ ③ と直線 $y = a(t-3)$ $\cdots\cdots$ ④ の共有点の t 座標に等しい。

直線 ④ は定点 (3, 0) を通る傾き a の直線である。

直線 ④ が点 (2, 3) を通るとき，$3 = a(2-3)$ より　$a = -3$

直線 ④ が放物線 ③ に接するとき，② の判別式の値が0になることから，$a^2 - 12a + 4 = 0$ より　$a = 6 \pm 4\sqrt{2}$　（※1）

$t \leqq 2$ の範囲で接点をもつのは，右図から $a = 6 - 4\sqrt{2}$ のとき

したがって，与えられた方程式の実数解の個数は，

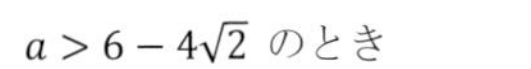

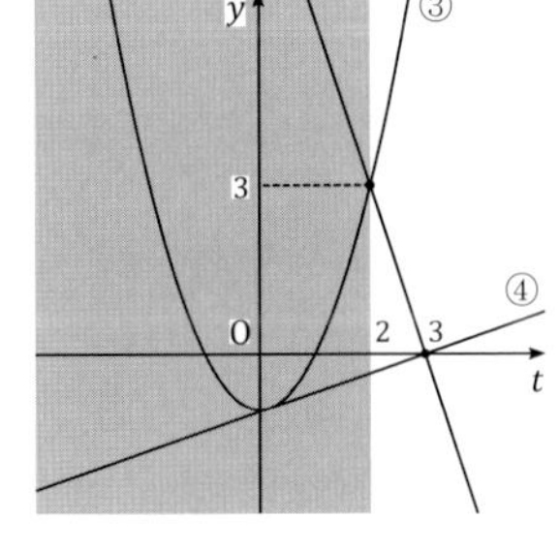

$a > 6 - 4\sqrt{2}$ のとき　0個

$a < -3$，$a = 6 - 4\sqrt{2}$ のとき　2個

$a = -3$ のとき　3個

$-3 < a < 6 - 4\sqrt{2}$ のとき　4個　答

（※1）

微分を用いて接線の方程式を考えることにより a の値を求めることもできます。

問題 2.23	分野：対数関数／図形と式

次の連立不等式を満たす点 $(x,\ y)$ の存在範囲を図示せよ。

$$\begin{cases} \log_{x+2}(4y+1) < 2 \\ \log_{10}|x| - \log_{10} y + 2\log_{10} 2 < 1 \end{cases}$$

【考え方のポイント】

底と真数の条件を考慮した上で，与えられた 2 つの不等式をそれぞれ簡単な式へと変形します。その際，底が 1 より大きいか小さいか，絶対値記号内の式が正か負かといった点に気を付けます。

解答

$$\begin{cases} \log_{x+2}(4y+1) < 2 & \cdots\cdots ① \\ \log_{10}|x| - \log_{10} y + 2\log_{10} 2 < 1 & \cdots\cdots ② \end{cases}$$ とする。

底は 1 でない正の数であるから　$x+2>0$，$x+2 \neq 1$　……③

真数は正の数であるから　$4y+1>0$，$y>0$，$x \neq 0$　……④

③ かつ ④ より　$x>-2$，$x \neq -1$，$x \neq 0$，$y>0$　……⑤

① を変形すると，

$0<x+2<1$ すなわち $-2<x<-1$ のとき

　$4y+1>(x+2)^2$ より　$y>\dfrac{1}{4}(x+2)^2-\dfrac{1}{4}$

$x+2>1$ すなわち $x>-1$ のとき

　$4y+1<(x+2)^2$ より　$y<\dfrac{1}{4}(x+2)^2-\dfrac{1}{4}$

……⑥

次に ② を変形すると，　$\log_{10}\dfrac{y}{|x|}>\log_{10}\dfrac{2}{5}$ より $y>\dfrac{2}{5}|x|$ であるから

$x>0$ のとき　$y>\dfrac{2}{5}x$

$x<0$ のとき　$y>-\dfrac{2}{5}x$

……⑦

⑤ かつ ⑥ かつ ⑦ の表す領域を図示すればよい。

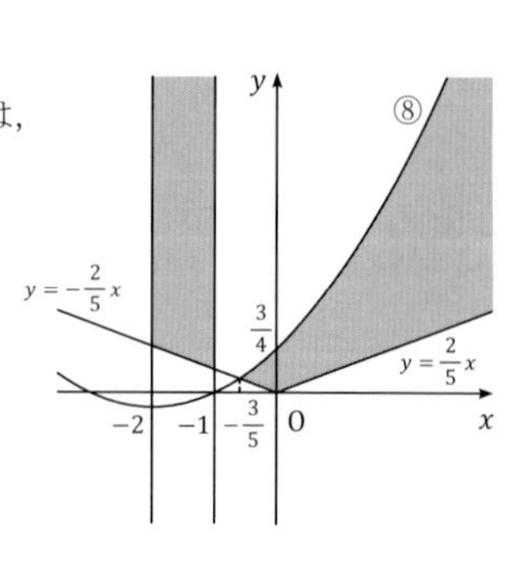

放物線 $y=\dfrac{1}{4}(x+2)^2-\dfrac{1}{4}$ …⑧ と直線 $y=\dfrac{2}{5}x$ の共有点は，

方程式 $\dfrac{1}{4}(x+2)^2-\dfrac{1}{4}=\dfrac{2}{5}x$ の解がないから存在しない。

放物線 ⑧ と直線 $y=-\dfrac{2}{5}x$ の共有点の x 座標は，

方程式 $\dfrac{1}{4}(x+2)^2-\dfrac{1}{4}=-\dfrac{2}{5}x$ を解いて　$x=-5,\ -\dfrac{3}{5}$

よって，求める存在範囲は右図の網目部分である。

ただし，y 軸と境界線を含まない。 答

問題 2.24　分野：図形と式／複素数と方程式／積分法

実数 X，Y が $(X-6)^2+(Y-6)^2 \leqq 8$ を満たして変化するとき，

$$\begin{cases} x = X+Y \\ y = XY \end{cases}$$

で定まる点 $(x,\ y)$ が存在しうる領域の面積を求めよ。

【考え方のポイント】

$(X-6)^2+(Y-6)^2 \leqq 8$ に $x=X+Y$，$y=XY$ を代入すると，x，y の方程式が得られますが，その式だけでは，点 $(x,\ y)$ の存在領域を表せていません。X，Y が実数となるための x，y についての条件を考える必要があります。「問題 3.11 ～ 3.13」が関連問題です。

解答

面積を求める領域を W とおく。点 $(x,\ y)$ が領域 W に属するための条件は，

$x=X+Y$ ……① かつ $y=XY$ ……② かつ $(X-6)^2+(Y-6)^2 \leqq 8$ ……③

を満たす実数 X，Y が存在することである。

③ を変形すると　$(X+Y)^2-2XY-12(X+Y)+64 \leqq 0$

これに ①，② を代入すると，$x^2-2y-12x+64 \leqq 0$　すなわち　$y \geqq \frac{1}{2}x^2-6x+32$ ……④

①，② を満たす実数 X，Y が存在するための条件は，（※１）

t の２次方程式 $t^2-xt+y=0$ の判別式を D とすると，$D \geqq 0$　すなわち　$y \leqq \frac{1}{4}x^2$ ……⑤

したがって，領域 W は ④ かつ ⑤ で表される。

放物線 $y=\frac{1}{2}x^2-6x+32$ と放物線 $y=\frac{1}{4}x^2$ の共有点の x 座標は，

方程式 $\frac{1}{2}x^2-6x+32=\frac{1}{4}x^2$ を解いて　$x=8,\ 16$

よって，領域 W は右図の網目部分（境界線を含む）である。

ゆえに，領域 W の面積は

$$\int_8^{16}\left\{\frac{1}{4}x^2-\left(\frac{1}{2}x^2-6x+32\right)\right\}dx$$

$$=-\frac{1}{4}\int_8^{16}(x-8)(x-16)\,dx=-\frac{1}{4}\cdot\left(-\frac{1}{6}\right)\cdot(16-8)^3$$

$$=\frac{64}{3}$$　答

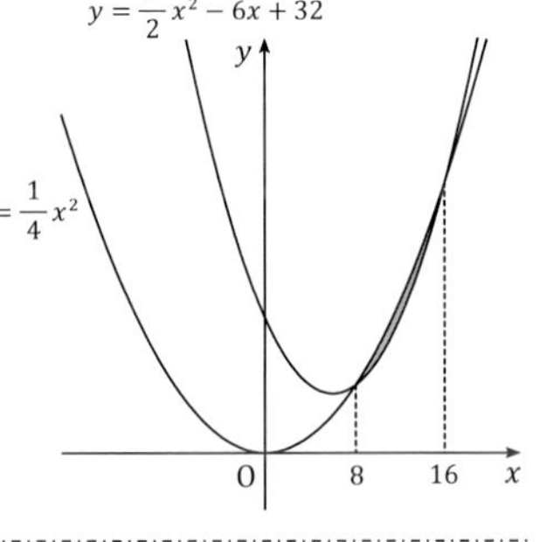

（※１）

> ２つの数 α，β を解とする２次方程式の１つは　$x^2-(\alpha+\beta)x+\alpha\beta=0$

t の２次方程式 $t^2-xt+y=0$ が２つの実数解をもつとき，X と Y は実数です。

問題 2.25　分野：ベクトル／微分法

放物線 $y=\frac{1}{3}x^2$ 上に定点 $A\left(-1,\ \frac{1}{3}\right)$ と動点 $P\left(s,\ \frac{1}{3}s^2\right)$，$Q\left(t,\ \frac{1}{3}t^2\right)$ がある。ただし，s，t は $-1<s<t$ を満たす実数とする。

(1)　3点A，P，Qを頂点とする△APQの面積を s，t の式で表せ。

(2)　△APQの重心が y 軸上に存在するとき，△APQの面積の最大値を求めよ。

【考え方のポイント】

(1) では△APQの面積は s，t の2変数関数として表されますが，(2) では，△APQの重心について条件が追加されるため，△APQの面積は s か t の1変数関数として表せます。最大値を求める際には計算の工夫ができます。

(1) **解答**

$\overrightarrow{AP}=\left(s+1,\ \frac{1}{3}s^2-\frac{1}{3}\right)=\left(s+1,\ \frac{1}{3}(s+1)(s-1)\right)$

$\overrightarrow{AQ}=\left(t+1,\ \frac{1}{3}t^2-\frac{1}{3}\right)=\left(t+1,\ \frac{1}{3}(t+1)(t-1)\right)$ であるから

$$\triangle APQ=\frac{1}{2}\left|(s+1)\cdot\frac{1}{3}(t+1)(t-1)-\frac{1}{3}(s+1)(s-1)\cdot(t+1)\right|$$

$$=\frac{1}{6}(s+1)(t+1)\,|(t-1)-(s-1)|$$

$$=\frac{1}{6}(s+1)(t+1)(t-s)$$ 答　（※1）

（※1）座標平面上の三角形の面積

> 3点 O (0, 0)，A (a_1, a_2)，B (b_1, b_2) を頂点とする△OABが存在するとき，
> その面積は　$\frac{1}{2}|a_1b_2-a_2b_1|$　と表されます。

(2) **解答**

△APQの重心の x 座標は $\frac{s+t-1}{3}$ であるから，　（※2）

その重心が y 軸上に存在するとき，$\frac{s+t-1}{3}=0$　すなわち　$s=1-t$　……①

①を $-1<s<t$ に代入すると，$-1<1-t<t$ より　$\frac{1}{2}<t<2$　……②

①を $\triangle APQ=\frac{1}{6}(s+1)(t+1)(t-s)$ に代入すると

$$\triangle APQ=\frac{1}{6}(2-t)(t+1)(2t-1)=\frac{1}{6}(-2t^3+3t^2+3t-2)\quad\cdots\cdots③$$

したがって，② のもとで ③ の最大値を求めればよい。

$$y=\frac{1}{6}(-2t^3+3t^2+3t-2)\quad\left(\frac{1}{2}<t<2\right)$$ とおくと

$$y'=-t^2+t+\frac{1}{2}$$

$y'=0$ とすると $2t^2-2t-1=0$ であり，$\frac{1}{2}<t<2$ より $t=\frac{1+\sqrt{3}}{2}$

ゆえに，次の増減表を得る。

t	$\left(\frac{1}{2}\right)$	……	$\frac{1+\sqrt{3}}{2}$	……	(2)
y'		$+$	0	$-$	
y		↗	極大	↘	

$-2t^3+3t^2+3t-2$ を $2t^2-2t-1$ で割ると，商が $-t+\frac{1}{2}$ で余りが $3t-\frac{3}{2}$ となるから

$$y=\frac{1}{6}\left\{(2t^2-2t-1)\left(-t+\frac{1}{2}\right)+3t-\frac{3}{2}\right\}=\frac{1}{6}(2t^2-2t-1)\left(-t+\frac{1}{2}\right)+\frac{1}{2}t-\frac{1}{4}$$

$t=\frac{1+\sqrt{3}}{2}$ のとき $2t^2-2t-1=0$ であるから，このとき

$$y=\frac{1}{2}\cdot\frac{1+\sqrt{3}}{2}-\frac{1}{4}=\frac{\sqrt{3}}{4}$$

したがって，y は $t=\frac{1+\sqrt{3}}{2}$ のとき最大値 $\frac{\sqrt{3}}{4}$ をとる。

すなわち，△APQ の面積の最大値は $\frac{\sqrt{3}}{4}$ 答

（※２）三角形の重心

3 点 A $(\vec{a})$，B $(\vec{b})$，C $(\vec{c})$ を頂点とする△ABC の重心を G $(\vec{g})$ とすると

位置ベクトル $\vec{g}$ は　$\vec{g}=\frac{\vec{a}+\vec{b}+\vec{c}}{3}$

3 点 A，B，C の座標をそれぞれ $(x_1,\ y_1)$，$(x_2,\ y_2)$，$(x_3,\ y_3)$ とすると

重心 G の座標は　$\left(\frac{x_1+x_2+x_3}{3},\ \frac{y_1+y_2+y_3}{3}\right)$

問題 2.26　分野：ベクトル／三角比／図形の性質

$\triangle$OAB において，OA $= 3$，OB $= 2$，$\angle$AOB $= 45°$ とする。実数 s，t が 4 つの不等式 $s + 2t \leqq 2$，$3s + t \leqq 3$，$s \geqq 0$，$t \geqq 0$ を満たして変化するとき，$\overrightarrow{\mathrm{OP}} = s\,\overrightarrow{\mathrm{OA}} + t\,\overrightarrow{\mathrm{OB}}$ で定まる点 P が存在しうる領域の面積を求めよ。

【考え方のポイント】

与えられた 4 つの不等式は，すべて同時に考えるのは難しいので「$s + 2t \leqq 2$，$s \geqq 0$，$t \geqq 0$」と「$3s + t \leqq 3$，$s \geqq 0$，$t \geqq 0$」に分けておくとよいでしょう。点 P の存在領域をそれぞれ求め，この 2 つの領域の共通部分に着目します。

解答

まず，実数 s，t が $s + 2t \leqq 2$，$s \geqq 0$，$t \geqq 0$ を満たすときの点 P の存在領域を求める。

[1]　$s + 2t \neq 0$ のとき

$s + 2t = k$ $(0 < k \leqq 2)$ と固定し，$k\,\overrightarrow{\mathrm{OA}} = \overrightarrow{\mathrm{OA'}}$，$\dfrac{k}{2}\overrightarrow{\mathrm{OB}} = \overrightarrow{\mathrm{OB'}}$，$\dfrac{s}{k} = s'$，$\dfrac{2t}{k} = t'$ とおくと，

$$\overrightarrow{\mathrm{OP}} = s'\,\overrightarrow{\mathrm{OA'}} + t'\,\overrightarrow{\mathrm{OB'}},\quad s' + t' = 1,\quad s' \geqq 0,\quad t' \geqq 0$$

であるから，点 P は線分 A′B′ 上に存在する。

ここで，線分 OA を $2:1$ に外分する点を C とする。

k を $0 < k \leqq 2$ の範囲で変化させると，点 A′ は辺 OC 上を，点 B′ は辺 OB 上を，A′B′ // CB を満たしながら動く。ただし，点 A′，B′ は点 O には重ならない。

[2]　$s + 2t = 0$ のとき

$s = t = 0$ より $\overrightarrow{\mathrm{OP}} = \vec{0}$ であるから，点 P は点 O に存在する。

[1]，[2] より，点 P の存在領域は $\triangle$OBC の周および内部である。

同様にして，実数 s，t が $3s + t \leqq 3$，$s \geqq 0$，$t \geqq 0$ を満たすときの点 P の存在領域は，線分 OB を $3:2$ に外分する点を D とすると，$\triangle$OAD の周および内部である。　(※1)

以上により，実数 s，t が与えられた 4 つの不等式を満たすときの点 P の存在領域は，$\triangle$OBC と $\triangle$OAD の共通部分を考えて，右下図の網目部分（境界線を含む）となる。

線分 CB と線分 DA の交点を E とすると，

メネラウスの定理により　(※2)(※3)

$$\frac{\mathrm{OC}}{\mathrm{CA}} \times \frac{\mathrm{AE}}{\mathrm{ED}} \times \frac{\mathrm{DB}}{\mathrm{BO}} = 1$$

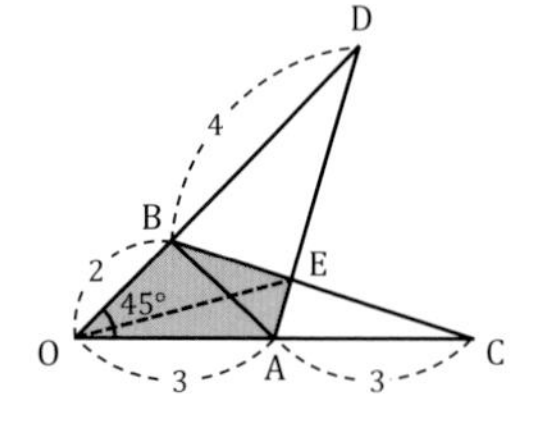

OC $= 6$，CA $= 3$，DB $= 4$，BO $= 2$ であるから　$\dfrac{\mathrm{AE}}{\mathrm{ED}} = \dfrac{1}{4}$

ゆえに　$\triangle \mathrm{OAE} = \dfrac{1}{5}\triangle \mathrm{OAD}$

$$\triangle \mathrm{OBE} = \frac{1}{3}\triangle \mathrm{ODE} = \frac{1}{3}\cdot\frac{4}{5}\triangle \mathrm{OAD} = \frac{4}{15}\triangle \mathrm{OAD}\quad(※4)$$

$\triangle \mathrm{OAD}=\dfrac{1}{2}\cdot 3\cdot 6\sin 45^\circ=\dfrac{9\sqrt{2}}{2}$　であるから，

求める面積，すなわち四角形 OAEB の面積は

$$\triangle \mathrm{OAE}+\triangle \mathrm{OBE}=\frac{1}{5}\triangle \mathrm{OAD}+\frac{4}{15}\triangle \mathrm{OAD}=\frac{7}{15}\triangle \mathrm{OAD}=\frac{7}{15}\cdot\frac{9\sqrt{2}}{2}=\frac{21\sqrt{2}}{10}$$ 答

（※1）

$3s+t\neq 0$ のとき，$3s+t=l$ $(0<l\leqq 3)$ と固定し，$\dfrac{l}{3}\overrightarrow{\mathrm{OA}}=\overrightarrow{\mathrm{OA''}}$，$l\,\overrightarrow{\mathrm{OB}}=\overrightarrow{\mathrm{OB''}}$，$\dfrac{3s}{l}=s''$，$\dfrac{t}{l}=t''$ とおくと，$\overrightarrow{\mathrm{OP}}=s''\,\overrightarrow{\mathrm{OA''}}+t''\,\overrightarrow{\mathrm{OB''}}$，$s''+t''=1$，$s''\geqq 0$，$t''\geqq 0$ が得られます。

（※2）メネラウスの定理

△ABC の辺 BC，CA，AB またはそれらの延長が，△ABC の頂点を通らない 1 つの直線とそれぞれ点 P，Q，R で交わるとき

$$\frac{\mathrm{BP}}{\mathrm{PC}}\times\frac{\mathrm{CQ}}{\mathrm{QA}}\times\frac{\mathrm{AR}}{\mathrm{RB}}=1$$

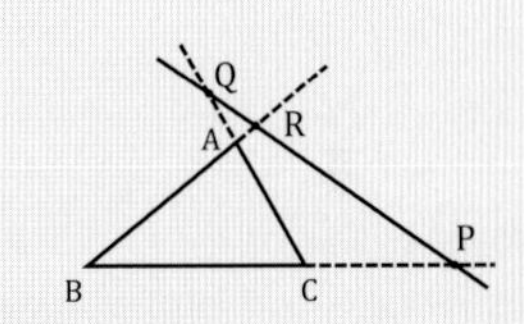

（※3）

メネラウスの定理を用いる代わりに，ベクトルで次のように考えてもよいでしょう。

$\overrightarrow{\mathrm{OP}}=s\,\overrightarrow{\mathrm{OA}}+t\,\overrightarrow{\mathrm{OB}}$ で定まる点 P が点 E に存在するとき，

$s+2t=2$ かつ $3s+t=3$ であるから，この連立方程式を解いて　$s=\dfrac{4}{5}$，$t=\dfrac{3}{5}$

よって　$\overrightarrow{\mathrm{OE}}=\dfrac{4}{5}\overrightarrow{\mathrm{OA}}+\dfrac{3}{5}\overrightarrow{\mathrm{OB}}=\dfrac{4}{5}\overrightarrow{\mathrm{OA}}+\dfrac{1}{5}\overrightarrow{\mathrm{OD}}$

ゆえに，点 E は線分 AD を $1:4$ に内分する点である。

※　内分点の位置ベクトル

2 点 $\mathrm{A}(\vec{a})$，$\mathrm{B}(\vec{b})$ を結ぶ線分 AB を $m:n$ に内分する点を $\mathrm{P}(\vec{p})$ とすると

$$\vec{p}=\frac{n\vec{a}+m\vec{b}}{m+n}$$

（※4）

高さが等しい三角形の面積比はその底辺の長さの比で表されることを用いました。

ここでは，次のような考え方もあります。

$\triangle \mathrm{BED}:\triangle \mathrm{OAD}=(\mathrm{DB}\times\mathrm{DE}):(\mathrm{DO}\times\mathrm{DA})=(4\times 4):(6\times 5)=8:15$

よって，四角形 OAEB と △OAD の面積比は $7:15$

問題 2.27　分野：ベクトル／図形の性質

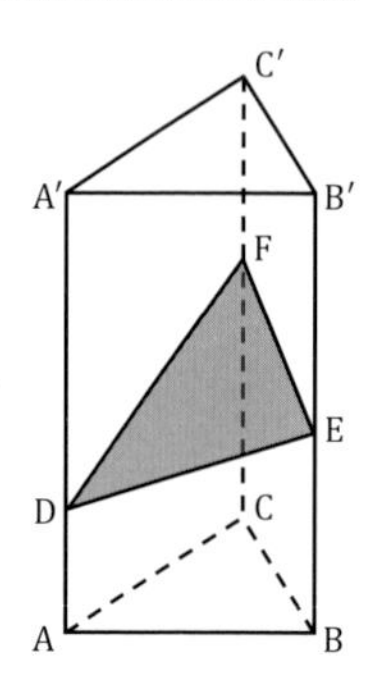

右の図のように，三角柱 ABC−A′B′C′ において，辺 AA′, BB′, CC′ 上にそれぞれ点 D，E，F を，$0 < \mathrm{AD} < \mathrm{BE} < \mathrm{CF}$ となるようにとり，平面 DEF でこの三角柱を切断する。以下，立体 ABC−DEF について考える。△DEF の重心を G，点 G から平面 ABC に下ろした垂線の足を H とする。$\mathrm{AD} = a$，$\mathrm{BE} = b$，$\mathrm{CF} = c$，$\mathrm{HG} = h$ として，次の問いに答えよ。

(1)　$\overrightarrow{\mathrm{AG}}$ を $\overrightarrow{\mathrm{AD}}$，$\overrightarrow{\mathrm{AB}}$，$\overrightarrow{\mathrm{AC}}$ を用いて表せ。

(2)　点 H は △ABC の重心に一致することを示せ。

(3)　$h = \dfrac{a+b+c}{3}$ であることを示せ。

(4)　△ABC の面積を S，立体 ABC−DEF の体積を V とすると，$V = Sh$ であることを示せ。

【考え方のポイント】

(1)〜(3) はベクトルを利用する問題で，誘導に従えば易しいでしょう。(4) ではまず，立体 ABC−DEF を，平面 ABC に平行で点 D を通る平面で切断し，四角錐と三角柱に分けておきます。四角錐の体積は，等積変形の発想で求める方法もありますが，それは（※2）に記すことにして，単純に $\dfrac{1}{3}\times$（台形の面積）$\times$（高さ）で求められます。

(1) **解答**

$$\overrightarrow{\mathrm{AE}} = \overrightarrow{\mathrm{AB}} + \overrightarrow{\mathrm{BE}} = \overrightarrow{\mathrm{AB}} + \frac{b}{a}\overrightarrow{\mathrm{AD}}$$

$$\overrightarrow{\mathrm{AF}} = \overrightarrow{\mathrm{AC}} + \overrightarrow{\mathrm{CF}} = \overrightarrow{\mathrm{AC}} + \frac{c}{a}\overrightarrow{\mathrm{AD}}$$ であるから

$$\overrightarrow{\mathrm{AG}} = \frac{1}{3}\left(\overrightarrow{\mathrm{AD}} + \overrightarrow{\mathrm{AE}} + \overrightarrow{\mathrm{AF}}\right) = \frac{1}{3}\left\{\overrightarrow{\mathrm{AD}} + \left(\overrightarrow{\mathrm{AB}} + \frac{b}{a}\overrightarrow{\mathrm{AD}}\right) + \left(\overrightarrow{\mathrm{AC}} + \frac{c}{a}\overrightarrow{\mathrm{AD}}\right)\right\}$$

$$= \frac{a+b+c}{3a}\overrightarrow{\mathrm{AD}} + \frac{1}{3}\overrightarrow{\mathrm{AB}} + \frac{1}{3}\overrightarrow{\mathrm{AC}}$$ 答

(2) **証明**

点 H は平面 ABC 上にあるから，$\overrightarrow{\mathrm{AH}} = s\overrightarrow{\mathrm{AB}} + t\overrightarrow{\mathrm{AC}}$（$s$，$t$ は実数）とおくと

$$\overrightarrow{\mathrm{HG}} = \overrightarrow{\mathrm{AG}} - \overrightarrow{\mathrm{AH}} = \frac{a+b+c}{3a}\overrightarrow{\mathrm{AD}} + \left(\frac{1}{3} - s\right)\overrightarrow{\mathrm{AB}} + \left(\frac{1}{3} - t\right)\overrightarrow{\mathrm{AC}}$$

$\overrightarrow{\mathrm{HG}} \parallel \overrightarrow{\mathrm{AD}}$ より　$\dfrac{1}{3} - s = 0$，$\dfrac{1}{3} - t = 0$　であるから　$s = \dfrac{1}{3}$，$t = \dfrac{1}{3}$

ゆえに　$\overrightarrow{\mathrm{AH}} = \dfrac{1}{3}\overrightarrow{\mathrm{AB}} + \dfrac{1}{3}\overrightarrow{\mathrm{AC}} = \dfrac{1}{3}\left(\overrightarrow{\mathrm{AA}} + \overrightarrow{\mathrm{AB}} + \overrightarrow{\mathrm{AC}}\right)$　（※1）

したがって，点 H は △ABC の重心に一致する。終

（※１）
各ベクトルの始点はどこか１つの点で統一すれば，Aでなくても構いません。
例えば，始点をOにすると，$\overrightarrow{\mathrm{AH}}=\overrightarrow{\mathrm{OH}}-\overrightarrow{\mathrm{OA}}$，$\overrightarrow{\mathrm{AB}}=\overrightarrow{\mathrm{OB}}-\overrightarrow{\mathrm{OA}}$，$\overrightarrow{\mathrm{AC}}=\overrightarrow{\mathrm{OC}}-\overrightarrow{\mathrm{OA}}$ より，
$\overrightarrow{\mathrm{OH}}=\dfrac{1}{3}\left(\overrightarrow{\mathrm{OA}}+\overrightarrow{\mathrm{OB}}+\overrightarrow{\mathrm{OC}}\right)$ が得られます。

(3) **証明**

(2) より　$\overrightarrow{\mathrm{HG}}=\dfrac{a+b+c}{3a}\overrightarrow{\mathrm{AD}}$

よって　$\left|\overrightarrow{\mathrm{HG}}\right|=\dfrac{a+b+c}{3a}\left|\overrightarrow{\mathrm{AD}}\right|=\dfrac{a+b+c}{3a}\cdot a=\dfrac{a+b+c}{3}$

ゆえに　$h=\dfrac{a+b+c}{3}$　終

(4) **証明**

平面ABCに平行で点Dを通る平面が辺BE，CFと交わる点をそれぞれI，Jとし，
四角錐D−EFJIの体積をV_1，三角柱ABC−DIJの体積をV_2とする。
まず，V_1を求める。（※２）
台形EFJIの面積をTとすると

$$T=\frac{1}{2}(\mathrm{IE}+\mathrm{JF})\cdot\mathrm{IJ}=\frac{1}{2}\{(b-a)+(c-a)\}\cdot\mathrm{IJ}=\frac{1}{2}(b+c-2a)\cdot\mathrm{IJ}$$

点Dから直線IJに垂線DKを下ろすと，$S=\dfrac{1}{2}\cdot\mathrm{IJ}\cdot\mathrm{DK}$ より　$\mathrm{DK}=\dfrac{2S}{\mathrm{IJ}}$

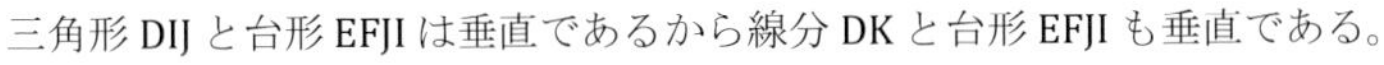

三角形DIJと台形EFJIは垂直であるから線分DKと台形EFJIも垂直である。

ゆえに　$V_1=\dfrac{1}{3}\cdot T\cdot\mathrm{DK}=\dfrac{1}{3}\cdot\dfrac{1}{2}(b+c-2a)\cdot\mathrm{IJ}\cdot\dfrac{2S}{\mathrm{IJ}}=\dfrac{1}{3}S(b+c-2a)$

V_2は，底面積Sと高さADの積で表されて　$V_2=Sa$

したがって　$V=V_1+V_2=\dfrac{1}{3}S(b+c-2a)+Sa=\dfrac{1}{3}S(a+b+c)$

(3) より　$h=\dfrac{a+b+c}{3}$ であるから，$V=Sh$ が示された。終

（※２）V_1の別解
四角錐D−EFJIを三角錐F−DIEと三角錐F−DIJに分け，それぞれの体積をV_3，V_4とする。
三角錐F−DIEの体積は，JF∥△DIE より，三角錐J−DIEの体積に等しいから

$$V_3=\frac{1}{3}\cdot\triangle\mathrm{DIJ}\cdot\mathrm{IE}=\frac{1}{3}S(b-a)$$

また　$V_4=\dfrac{1}{3}\cdot\triangle\mathrm{DIJ}\cdot\mathrm{JF}=\dfrac{1}{3}S(c-a)$

よって　$V_1=V_3+V_4=\dfrac{1}{3}S(b-a)+\dfrac{1}{3}S(c-a)=\dfrac{1}{3}S(b+c-2a)$

問題 2.28　分野：ベクトル／図形の性質

座標空間内に 4 点 A (0, 0, 2)，B (1, 4, 6)，C (5, 2, 4)，D (3, 2, 0) がある。

(1)　平面 ABC と平面 DBC のなす角を θ ($0° \leqq \theta \leqq 90°$) として，$\sin\theta$ の値を求めよ。

(2)　四面体 ABCD の体積 V を求めよ。

【考え方のポイント】

△ABC と △DBC は辺 BC を共有するので，平面 ABC と平面 DBC の交線は直線 BC であることがわかります。図を描いてから，2 平面のなす角を具体的な 2 つのベクトルのなす角として捉えるとよいでしょう。(1) で $\sin\theta$ の値が求まれば，(2) では △ABC か △DBC を底面とみなして四面体 ABCD の高さが容易に導けます。

(1) **解答**

直線 BC 上に，$\overrightarrow{BC} \perp \overrightarrow{EA}$ となるような点 E と，$\overrightarrow{BC} \perp \overrightarrow{FD}$ となるような点 F をとる。

まず，$\overrightarrow{EA}$ を求める。$\overrightarrow{BE} = s\,\overrightarrow{BC}$（$s$ は実数）とおくと

$$\overrightarrow{EA} = \overrightarrow{BA} - \overrightarrow{BE} = (-1,\ -4,\ -4) - s\,(4,\ -2,\ -2)$$
$$= (-4s-1,\ 2s-4,\ 2s-4)$$

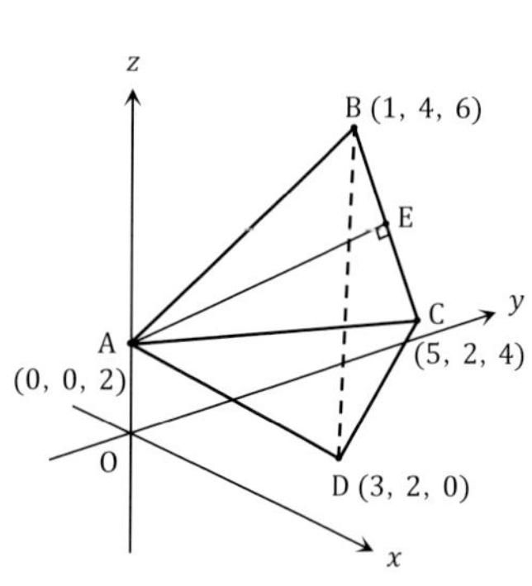

であるから，$\overrightarrow{BC} \cdot \overrightarrow{EA} = 0$ より

$$4(-4s-1) - 2(2s-4) - 2(2s-4) = 0$$

これを解くと　$s = \dfrac{1}{2}$

よって　$\overrightarrow{EA} = (-3,\ -3,\ -3)$　……①

次に，$\overrightarrow{FD}$ を求める。$\overrightarrow{BF} = t\,\overrightarrow{BC}$（$t$ は実数）とおくと

$$\overrightarrow{FD} = \overrightarrow{BD} - \overrightarrow{BF} = (2,\ -2,\ -6) - t\,(4,\ -2,\ -2)$$
$$= (-4t+2,\ 2t-2,\ 2t-6)$$

であるから，$\overrightarrow{BC} \cdot \overrightarrow{FD} = 0$ より

$$4(-4t+2) - 2(2t-2) - 2(2t-6) = 0$$

これを解くと　$t = 1$　（※1）

よって　$\overrightarrow{FD} = (-2,\ 0,\ -4)$　……②

$\overrightarrow{EA}$ と $\overrightarrow{FD}$ のなす角を φ ($0° \leqq \varphi \leqq 180°$) とすると

①，② より　$\cos\varphi = \dfrac{\overrightarrow{EA} \cdot \overrightarrow{FD}}{|\overrightarrow{EA}|\,|\overrightarrow{FD}|} = \dfrac{18}{3\sqrt{3} \cdot 2\sqrt{5}} = \sqrt{\dfrac{3}{5}}$　（※2）

$\cos\varphi$ の値が正であるから φ は鋭角であり，

平面 ABC と平面 DBC のなす角は $\theta = \varphi$ と表される。（※3）

ゆえに　$\sin\theta = \sin\varphi = \sqrt{1-\cos^2\varphi} = \sqrt{1-\dfrac{3}{5}} = \dfrac{\sqrt{10}}{5}$　答

(※1)

$\overrightarrow{BF} = \overrightarrow{BC}$ ですから，点Fは点Cに重なります。

(※2)

$\overrightarrow{EA} = (-3,\ -3,\ -3)$，$\overrightarrow{FD} = (-2,\ 0,\ -4)$ より，

$$\overrightarrow{EA} \cdot \overrightarrow{FD} = (-3) \cdot (-2) + (-3) \cdot 0 + (-3) \cdot (-4) = 18$$

$$\left|\overrightarrow{EA}\right| = \sqrt{(-3)^2 + (-3)^2 + (-3)^2} = 3\sqrt{3}$$

$$\left|\overrightarrow{FD}\right| = \sqrt{(-2)^2 + 0^2 + (-4)^2} = 2\sqrt{5}$$

と計算できます。

(※3)

平面ABCと平面DBCの交線は直線BCです。この交線上の点からそれぞれの平面上に交線と垂直に引いた2直線のなす角を，この2平面のなす角といいます。

(2) **解答**

$\overrightarrow{BC} = (4,\ -2,\ -2)$ より $\left|\overrightarrow{BC}\right| = 2\sqrt{6}$ であるから

$$\triangle \mathrm{DBC} = \frac{1}{2}\left|\overrightarrow{BC}\right|\left|\overrightarrow{FD}\right| = \frac{1}{2} \cdot 2\sqrt{6} \cdot 2\sqrt{5} = 2\sqrt{30} \quad (※4)$$

点Aから平面DBCに垂線AHを下ろすと

$$\left|\overrightarrow{AH}\right| = \left|\overrightarrow{EA}\right| \sin\theta = 3\sqrt{3} \cdot \frac{\sqrt{10}}{5} = \frac{3\sqrt{30}}{5}$$

よって，四面体ABCDの体積は

$$V = \frac{1}{3} \cdot \triangle \mathrm{DBC} \cdot \left|\overrightarrow{AH}\right| = \frac{1}{3} \cdot 2\sqrt{30} \cdot \frac{3\sqrt{30}}{5} = 12 \quad \boxed{答}$$

(※4)

△ABCの面積を求めてもよいでしょう。

以下，点Dから平面ABCに垂線DH′を下ろして，四面体ABCDの体積を求めると，

$$V = \frac{1}{3} \cdot \triangle \mathrm{ABC} \cdot \left|\overrightarrow{DH'}\right| = \frac{1}{3} \cdot 9\sqrt{2} \cdot 2\sqrt{2} = 12$$

が得られます。

◇◆　ステージ3　◆◇

問題 3.1　分野：データの分析／整数の性質

x，y は $x \leqq y$ を満たす自然数とする。大きさ5のデータ　1，5，8，x，y　の分散が6であるとき，x，y の値を求めよ。

【考え方のポイント】

分散が6であることを方程式で表現すれば　$2x^2 - xy + 2y^2 - 14x - 14y + 52 = 0$　が得られます。一般に，$ax^2 + bxy + cy^2 + dx + ey + f = 0$　というタイプの不定方程式の解き方には，x か y について降べきの順に整理し，判別式に着目して必要条件をつくる方法と，因数分解を利用する方法とがありますが，ここでは前者の方法になります。2次の項 $ax^2 + bxy + cy^2$ に関して　$b^2 - 4ac$　の値が正であれば，後者の方法も有力です。（「問題 3.23」参照）

解答

データの分散が6であるから　$\dfrac{1^2 + 5^2 + 8^2 + x^2 + y^2}{5} - \left(\dfrac{1 + 5 + 8 + x + y}{5}\right)^2 = 6$　（※1）

これを展開して整理すると　$2x^2 - xy + 2y^2 - 14x - 14y + 52 = 0$

x を自然数の定数とみなすと，y の2次方程式 $2y^2 - (x + 14)y + 2x^2 - 14x + 52 = 0$ ……①

を得る。①の判別式を D とすると，①の解は　$y = \dfrac{x + 14 \pm \sqrt{D}}{4}$　……②　と表される。

よって，y が自然数であるためには，D が0または平方数となることが必要である。

$$D = \{-(x + 14)\}^2 - 4 \cdot 2\,(2x^2 - 14x + 52) = -5(x - 2)(3x - 22)$$

であるから，$D \geqq 0$　すなわち　$2 \leqq x \leqq \dfrac{22}{3}$　を満たす自然数 x について D の値を調べる。

$x = 2$　のとき　$D = 0$，　　$x = 3$　のとき　$D = 5 \cdot 13$，　　$x = 4$　のとき　$D = 5 \cdot 2 \cdot 10 = 10^2$

$x = 5$　のとき　$D = 5 \cdot 3 \cdot 7$，　　$x = 6$　のとき　$D = 5 \cdot 4 \cdot 4$，　　$x = 7$　のとき　$D = 5 \cdot 5 = 5^2$

したがって，D が0または平方数となるのは $x = 2$，4，7　のときである。

以下，これらの x に対して，$x \leqq y$ を満たす自然数 y を求める。

[1]　$x = 2$　のとき　②より　$y = 4$　であり，これは条件を満たす。

[2]　$x = 4$　のとき　②より　$y = 2$，7　であり，条件を満たす y は　$y = 7$

[3]　$x = 7$　のとき　②より　$y = 4$，$\dfrac{13}{2}$　であり，これらは条件を満たさない。

[1]，[2]，[3] より，求める x，y の値は　$(x,\ y) = (2,\ 4)$，$(4,\ 7)$　答

（※1）分散

> 変量 X のデータの値が X_1，X_2，……，X_n で，その平均値を $\bar{X}$ とすると，分散 s^2 は
>
> $$s^2 = \frac{1}{n}\{(X_1 - \bar{X})^2 + (X_2 - \bar{X})^2 + \cdots\cdots + (X_n - \bar{X})^2\} = \frac{1}{n}\left({X_1}^2 + {X_2}^2 + \cdots\cdots + {X_n}^2\right) - (\bar{X})^2$$

問題 3.2　分野：データの分析／数列

N は自然数とする。相異なる 2^N 個の値からなるデータがあり，その 2^N 個の値は小さい順に並べると，初項 2^N，公差 1 の等差数列になるという。このデータについて，次の問いに答えよ。

(1)　平均値を求めよ。

(2)　分散を求めよ。

【考え方のポイント】

分散の求め方は 2 通りあり (p.110 ※ 1 参照)，この設問ではどちらも有力です。その計算の際は，ひとまず 2^N や 2^{N-1} を文字で置き換えて，式を見やすくするとよいでしょう。

---

(1) **解答**

等差数列の項数は 2^N であるから，その末項は　$2^N+(2^N-1)\cdot 1=2\cdot 2^N-1$

よって，等差数列の和は　$\dfrac{1}{2}\cdot 2^N(2^N+2\cdot 2^N-1)=\dfrac{2^N(3\cdot 2^N-1)}{2}$　（※ 1 ）

したがって，求める平均値は，この和を項数 2^N で割ったもの　（※ 2 ）

すなわち　$\dfrac{3\cdot 2^N-1}{2}$　答

（※ 1 ）等差数列の和

初項 a，末項 l，項数 n の等差数列の和を S_n とすると

$$S_n=\frac{1}{2}n(a+l)$$

公差を d とすると，末項 l に　$l=a+(n-1)d$　を代入して

$$S_n=\frac{1}{2}n\{2a+(n-1)d\}$$

（※ 2 ）

結局，求める平均値は，初項と末項の平均値です。

(2) **解答**

データの分散は　$\dfrac{1}{2^N}\{(2^N)^2+(2^N+1)^2+(2^N+2)^2+\cdots\cdots+(2\cdot 2^N-1)^2\}-\left(\dfrac{3\cdot 2^N-1}{2}\right)^2$

であり，これは，$2^N=a$　とおくと

$$\frac{1}{a}\{a^2+(a+1)^2+(a+2)^2+\cdots\cdots+(2a-1)^2\}-\left(\frac{3a-1}{2}\right)^2 \quad \cdots\cdots ①$$

と表される。

$$①=\frac{1}{a}\left(\sum_{k=1}^{2a-1}k^2-\sum_{k=1}^{a-1}k^2\right)-\left(\frac{3a-1}{2}\right)^2$$
$$=\frac{1}{a}\left\{\frac{1}{6}(2a-1)2a(4a-1)-\frac{1}{6}(a-1)a(2a-1)\right\}-\left(\frac{3a-1}{2}\right)^2$$
$$=\frac{1}{6}(14a^2-9a+1)-\frac{1}{4}(9a^2-6a+1)$$
$$=\frac{1}{12}(a^2-1)$$

したがって，求める分散は　$\frac{1}{12}\{(2^N)^2-1\}=\frac{4^N-1}{12}$　答

(2) **別解**

偏差の2乗の平均値として分散を求める。

(1) の平均値は，データの中央値に等しいから，2^{N-1} 以下の自然数 k に対して，等差数列の第 k 項の偏差と第 (2^N-k+1) 項の偏差は異符号の関係である。　（※3）

第 $(2^{N-1}+1)$ 項から末項までの偏差は，順に

$$\frac{1}{2},\ \frac{1}{2}+1,\ \frac{1}{2}+2,\ \cdots\cdots,\ \frac{1}{2}+(2^{N-1}-1)$$

となるから，偏差の2乗の和は

$$2\left\{\left(\frac{1}{2}\right)^2+\left(\frac{3}{2}\right)^2+\left(\frac{5}{2}\right)^2+\cdots\cdots+\left(\frac{2\cdot2^{N-1}-1}{2}\right)^2\right\}=2\sum_{k=1}^{2^{N-1}}\left(\frac{2k-1}{2}\right)^2\quad\cdots\cdots②$$

ここで，$2^{N-1}=m$ とおくと

$$②=\sum_{k=1}^{m}\left(2k^2-2k+\frac{1}{2}\right)$$
$$=2\cdot\frac{1}{6}m(m+1)(2m+1)-2\cdot\frac{1}{2}m(m+1)+\frac{1}{2}m$$
$$=\frac{1}{6}m(4m^2-1)$$

よって，偏差の2乗の和は　$\frac{1}{6}\cdot2^{N-1}\{4(2^{N-1})^2-1\}=\frac{2^N(4^N-1)}{12}$

したがって，求める分散は，これを項数 2^N で割ったもの

すなわち　$\frac{4^N-1}{12}$　答

（※3）

偏差を順に並べると，次のように，前半が負の数で，後半が正の数となります。

$$\cdots\cdots,\ -\frac{5}{2},\ -\frac{3}{2},\ -\frac{1}{2},\ \frac{1}{2},\ \frac{3}{2},\ \frac{5}{2},\ \cdots\cdots$$

問題 3.3	分野：集合と命題／数列／整数の性質

n は自然数とする。次の命題が真であることを証明せよ。
整数 a, b, c について，$a^2+b^2+c^2$ が 4^n の倍数ならば，a, b, c はいずれも 2^n の倍数である。

【考え方のポイント】
自然数 n に関する命題の証明には数学的帰納法が有効です。命題 $P(n)$ について
[1]　$P(1)$ が真である
[2]　$P(k)$ が真ならば $P(k+1)$ も真である（ただし k は自然数）
を示せば，$P(n)$ がすべての自然数 n について真であることが証明できたことになります。
本問における $n=1$ の場合は，対偶を利用すると考えやすくなります。

証明
与えられた命題を (A) とする。すべての自然数 n について (A) が真であることを示せばよい。
[1]　$n=1$ のとき
(A) の対偶「整数 a, b, c について，a, b, c の少なくとも 1 つが奇数ならば，$a^2+b^2+c^2$ は 4 の倍数でない」を考える。
偶数 $2l$（l は整数）を 2 乗すると $(2l)^2=4l^2$ であり，これは 4 で割り切れる。
奇数 $2m+1$（m は整数）を 2 乗すると $(2m+1)^2=4m^2+4m+1=4(m^2+m)+1$ であり，これは 4 で割ると 1 余る。
したがって，次表により (A) の対偶は真であるといえる。ゆえに，もとの命題 (A) も真である。

a, b, c のうち奇数である文字の個数	1	2	3
$a^2+b^2+c^2$ を 4 で割ったときの余り	1	2	3

[2]　$n=k$（k は自然数）のとき (A) が真であると仮定すると，
$a^2+b^2+c^2$ が 4^k の倍数ならば，a, b, c はいずれも 2^k の倍数である。
ここで，$n=k+1$ のときを考え，$a^2+b^2+c^2$ は 4^{k+1} の倍数とする。
$a^2+b^2+c^2$ は 4^k の倍数といえるから，$a=2^ka'$, $b=2^kb'$, $c=2^kc'$（a', b', c' は整数）とおける。このとき，$a^2+b^2+c^2$ すなわち $4^k(a'^2+b'^2+c'^2)$ が 4^{k+1} の倍数となることから $a'^2+b'^2+c'^2$ は 4 の倍数である。ゆえに，[1] より，a', b', c' はいずれも 2 の倍数であり，$2^ka'$, $2^kb'$, $2^kc'$ すなわち a, b, c は 2^{k+1} の倍数といえる。
したがって，$n=k+1$ のときにも (A) は真である。
[1]，[2] より，すべての自然数 n について (A) は真である。終

【補充問題 11】（解答 p.170）

自然数 a, b, c が $a^2+b^2=c^2$ を満たすとき，a, b, c のうち少なくとも 1 つは 5 の倍数であることを証明せよ。

問題 3.4　分野：複素数と方程式／数列

次の問いに答えよ。

(1)　和が 2，積が 3 である 2 数を求めよ。

(2)　n は自然数とする。(1) の 2 数をそれぞれ n 乗して得られる 2 数は，足し合わせるとその和が整数になることを証明せよ。

【考え方のポイント】

(1) の 2 数を α，β とおくと，(2) は，$\alpha^{n+2}+\beta^{n+2}=(\alpha+\beta)(\alpha^{n+1}+\beta^{n+1})-\alpha\beta(\alpha^n+\beta^n)$ という恒等式に気が付いて，数学的帰納法にもちこめるかどうかがポイントです。

一般に，$A\alpha^n+B\beta^n=a_n$ …① とすると，漸化式 $a_{n+2}=(\alpha+\beta)a_{n+1}-\alpha\beta a_n$ …② が成立します。ここでは $A=1$，$B=1$ の場合を考えていることになります。ちなみに，② のタイプの漸化式（p. 74 ※1 参照）に対する一般項は，$\alpha\neq\beta$ であれば ① の形で与えられます。

今回の数学的帰納法では，命題「$\alpha^n+\beta^n$ は整数である」を $P(n)$ とすると，

[1]　$P(1)$，$P(2)$ が成立する

[2]　$P(k)$，$P(k+1)$ が成立するならば $P(k+2)$ も成立する（ただし k は自然数）

を示せば，$P(n)$ がすべての自然数 n について成立することが証明できたことになります。

---

(1) **解答**

求める 2 数を解とする 2 次方程式の 1 つは　$t^2-2t+3=0$　である。

これを解くと　$t=-(-1)\pm\sqrt{(-1)^2-1\cdot3}=1\pm\sqrt{2}\,i$

よって，求める 2 数は　$1+\sqrt{2}\,i$，$1-\sqrt{2}\,i$　答

(2) **証明**

すべての自然数 n について次の命題が成立することを示せばよい。

「$\left(1+\sqrt{2}\,i\right)^n+\left(1-\sqrt{2}\,i\right)^n$ は整数である」 …… (A)

[1]　$n=1$ のとき

$\left(1+\sqrt{2}\,i\right)+\left(1-\sqrt{2}\,i\right)=2$　であるから (A) は成立する。

$n=2$ のとき

$\left(1+\sqrt{2}\,i\right)^2+\left(1-\sqrt{2}\,i\right)^2=\left(-1+2\sqrt{2}\,i\right)+\left(-1-2\sqrt{2}\,i\right)=-2$　であるから (A) は成立する。

[2]　$n=k$，$n=k+1$（k は自然数）のとき (A) が成立すると仮定する。すなわち，

$1+\sqrt{2}\,i=\alpha$，$1-\sqrt{2}\,i=\beta$ とおくと，「$\alpha^k+\beta^k$ と $\alpha^{k+1}+\beta^{k+1}$ は整数である」 ……（∗）

$n=k+2$ のときを考えると

$$\alpha^{k+2}+\beta^{k+2}=(\alpha+\beta)(\alpha^{k+1}+\beta^{k+1})-\alpha\beta(\alpha^k+\beta^k)$$
$$=2(\alpha^{k+1}+\beta^{k+1})-3(\alpha^k+\beta^k)$$

したがって，（∗）より $\alpha^{k+2}+\beta^{k+2}$ は整数であり，$n=k+2$ のときにも (A) は成立する。

[1]，[2] より，すべての自然数 n について (A) は成立する。終

問題 3.5　**分野：指数関数／数列**

a は自然数の定数とする。3 つの不等式

$$m \geqq 2^n,\quad m \leqq 4^n,\quad m \leqq 2^{6a-n}$$

を満たす自然数 m，n の組の個数を求めよ。

【考え方のポイント】

自然数 m，n の組を xy 平面における点 $(m,\ n)$ に対応させて，点 $(m,\ n)$ を視覚的に捉えるとわかりやすいでしょう。与えられた 3 つの不等式を満たす点 $(m,\ n)$ 全体の集合（m，n は自然数）は，3 つの不等式 $y \geqq 2^x$，$y \leqq 4^x$，$y \leqq 2^{6a-x}$ で表される領域に含まれる，x 座標も y 座標も自然数である点全体の集合に一致します。

解答

xy 平面において，3 つの不等式 $y \geqq 2^x$，$y \leqq 4^x$，$y \leqq 2^{6a-x}$ で表される領域を図示すると，右下図の網目部分（境界線を含む）となる。この領域に含まれる，x 座標も y 座標も自然数である点の個数を求めればよい。

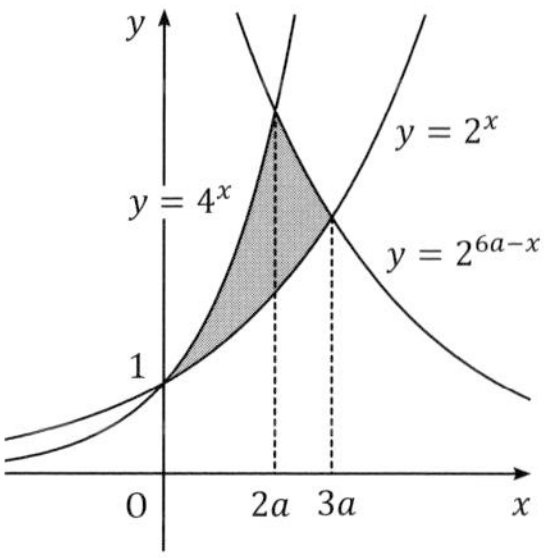

曲線 $y = 4^x$ と曲線 $y = 2^{6a-x}$ の共有点の x 座標は，

方程式 $4^x = 2^{6a-x}$ すなわち $(2^x)^3 = 2^{6a}$ を解いて　$x = 2a$

曲線 $y = 2^x$ と曲線 $y = 2^{6a-x}$ の共有点の x 座標は，

方程式 $2^x = 2^{6a-x}$ すなわち $(2^x)^2 = 2^{6a}$ を解いて　$x = 3a$

したがって，求める組 $(m,\ n)$ の個数を S とすると

$$S = \sum_{k=1}^{2a} 4^k + \sum_{k=2a+1}^{3a} 2^{6a-k} - \sum_{k=1}^{3a} 2^k + 3a \quad （※1）$$

ここで　$$\sum_{k=1}^{2a} 4^k = \frac{4(4^{2a}-1)}{4-1} = \frac{4}{3}\cdot 16^a - \frac{4}{3} \quad \cdots\cdots ①$$

$$\sum_{k=2a+1}^{3a} 2^{6a-k} = 2^{6a}\sum_{k=2a+1}^{3a}\left(\frac{1}{2}\right)^k = 2^{6a}\cdot\frac{\left(\frac{1}{2}\right)^{2a+1}\left\{1-\left(\frac{1}{2}\right)^a\right\}}{1-\frac{1}{2}} = 2^{4a}\left\{1-\left(\frac{1}{2}\right)^a\right\}$$

$$= 2^{4a} - 2^{3a} = 16^a - 8^a \quad \cdots\cdots ②$$

$$\sum_{k=1}^{3a} 2^k = \frac{2(2^{3a}-1)}{2-1} = 2\cdot 8^a - 2 \quad \cdots\cdots ③$$

よって　$$S = ① + ② - ③ + 3a = \left(\frac{4}{3}\cdot 16^a - \frac{4}{3}\right) + (16^a - 8^a) - (2\cdot 8^a - 2) + 3a$$

$$= \frac{7}{3}\cdot 16^a - 3\cdot 8^a + 3a + \frac{2}{3}$$　答

（※1）

$$S = \sum_{k=1}^{2a}(4^k - 2^k + 1) + \sum_{k=2a+1}^{3a}(2^{6a-k} - 2^k + 1)$$ としても，式変形すると同じ式に帰着します。

問題 3.6　分野：場合の数／図形の性質

次の問いに答えよ。

(1)　正八面体の8つの面を，異なる8色をすべて用いて塗る方法は何通りあるか。

(2)　正八面体の8つの面を，異なる6色をすべて用いて塗る方法は何通りあるか。

ただし，1つの面は1つの色で塗るものとし，正八面体を回転させて一致する塗り方は同じとみなす。

【考え方のポイント】

ある1色について，その色で塗る面の位置を固定すると，正八面体の回転が扱いやすくなります。正八面体をよく観察し，対称性に気を付けなければなりません。(2) では，8つの面を異なる6色で塗るため，2色を2回ずつ用いるか，1色を3回用いることになります。

(1) **解答**

8色のうちのある1色について，その色で塗る面を F と呼ぶことにし，
面 F の位置を右図のように固定する。

残りの7色で他の7面を塗る方法の総数を求めればよい。

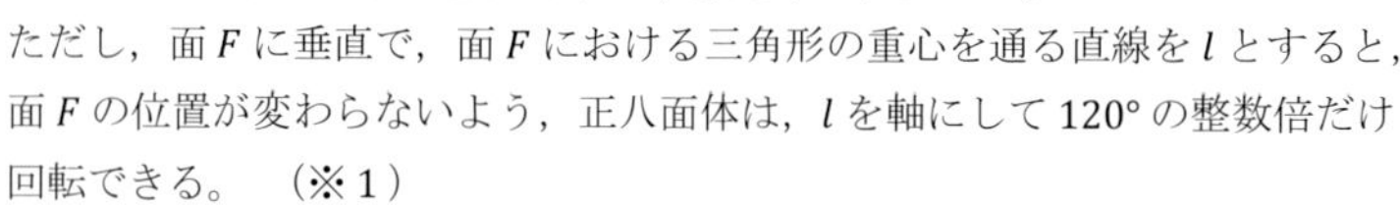

ただし，面 F に垂直で，面 F における三角形の重心を通る直線を l とすると，
面 F の位置が変わらないよう，正八面体は，l を軸にして $120°$ の整数倍だけ
回転できる。　(※1)

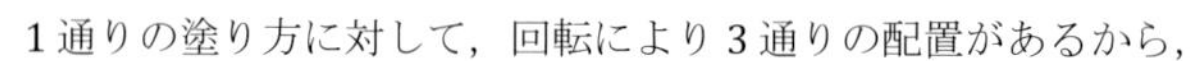

1通りの塗り方に対して，回転により3通りの配置があるから，

求める総数は　$\dfrac{7!}{3} = 1680$（通り）　答

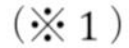

(※1)

面 F をその真上から見た図は右のようになります。

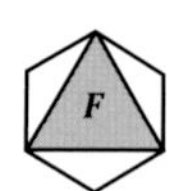

(2) **解答**

[1]　2色を2回ずつ，4色を1回ずつ用いるとき

2回ずつ用いる2色の選び方は ${}_6C_2$ 通りある。

ここで，1回ずつ用いる4色のうちのある1色について，その色で塗る面の位置を (1) と同様に固定する。残りの5色で他の7面を塗ることになる。

まず，正八面体の回転を止めて考えると，

2回ずつ用いる2色で4面を塗る方法は　${}_7C_2 \times {}_5C_2$（通り）

残りの3色で他の3面を塗る方法は　$3!$ 通り

ある。(1) と同様の回転を考えると，1通りの塗り方に対して3通りの配置があるから，

塗り方の総数は　${}_6C_2 \times {}_7C_2 \times {}_5C_2 \times 3! \times \dfrac{1}{3} = \dfrac{6\cdot5}{2\cdot1} \times \dfrac{7\cdot6}{2\cdot1} \times \dfrac{5\cdot4}{2\cdot1} \times 3! \times \dfrac{1}{3} = 6300$（通り）

[2]　1 色を 3 回，5 色を 1 回ずつ用いるとき

3 回用いる 1 色の選び方は ${}_6C_1$ 通りある。

ここで，1 回ずつ用いる 5 色のうちのある 1 色について，その色で塗る面の位置を (1) と同様に固定する。残りの 5 色で他の 7 面を塗ることになる。

まず，正八面体の回転を止めて考えると，

3 回用いる 1 色で 3 面を塗る方法は　${}_7C_3$ 通り

残りの 4 色で他の 4 面を塗る方法は　$4!$ 通り

ある。(1) と同様の回転を考えると，1 通りの塗り方に対して 3 通りの配置があるから，

塗り方の総数は　${}_6C_1 \times {}_7C_3 \times 4! \times \dfrac{1}{3} = 6 \times \dfrac{7 \cdot 6 \cdot 5}{3 \cdot 2 \cdot 1} \times 4! \times \dfrac{1}{3} = 1680$（通り）

[1]，[2] より，求める総数は　$6300 + 1680 = 7980$（通り）　答

【補充問題 12】（解答 p. 171）

次の問いに答えよ。

(1)　立方体の 6 つの面を，異なる 6 色をすべて用いて塗る方法は何通りあるか。

(2)　立方体の 6 つの面を，異なる 4 色をすべて用いて塗る方法は何通りあるか。

ただし，1 つの面は 1 つの色で塗るものとし，立方体を回転させて一致する塗り方は同じとみなす。

問題 3.7　分野：確率／数列

1枚のコインを10回投げるとき，次の確率を求めよ。

(1)　同じ面が連続して出ることのない確率

(2)　同じ面が3回以上連続して出ることのない確率

(3)　同じ面が4回以上連続して出ることのない確率

【考え方のポイント】

1枚のコインを10回投げる設定になっていますが，コインを投げる回数が11回，12回，……などと変化しても同じ解法が使えそうだと推測できます。そこで(2)，(3)では，コインを投げる回数をn回に一般化して，漸化式をつくれないかと考えます。「解答」では，場合の数の漸化式をつくりましたが，確率の漸化式でも構いません。(2)が解ければ，(3)はその延長で解くことができます。

(1) **解答**

10回分の表裏の出方は2^{10}通りあり，これらは同様に確からしい。

表と裏が交互に出るのは，1回目が表のときと裏のときで2通りに場合分けされるから，

求める確率は　$\dfrac{2}{2^{10}}=\dfrac{1}{512}$　答

(2) **解答**

nは2以上の自然数とする。同じ面が3回以上連続して出ることのないn回分の表裏の出方は

[1]　n回目と$(n-1)$回目が異なる面であるような表裏の出方

[2]　n回目と$(n-1)$回目が同じ面であるような表裏の出方

のどちらかに分類でき，[1]と[2]が重複することはない。

[1]がa_n通り，[2]がb_n通りあるとすると，図1により

$$\begin{cases} a_{n+1}=a_n+b_n & \cdots\cdots ① \\ b_{n+1}=a_n & \cdots\cdots ② \end{cases}$$

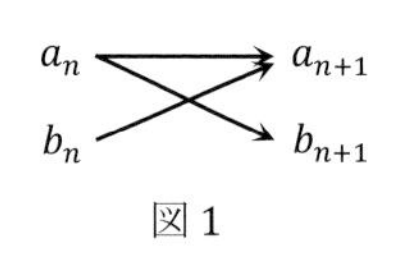

図1

①より　$a_{n+2}=a_{n+1}+b_{n+1}$

これに②を代入すると　$a_{n+2}=a_{n+1}+a_n$　……(＊)

ここで，図2により　$a_2=2$，$b_2=2$

〈1回目〉〈2回目〉

表 ― 裏 ｝ a_2通り
裏 ― 表

表 ― 表 ｝ b_2通り
裏 ― 裏

図2

ゆえに，①より　$a_3=a_2+b_2=4$

したがって，(＊)を繰り返し用いて

$a_4=6$，$a_5=10$，$a_6=16$，$a_7=26$，$a_8=42$，

$a_9=68$，$a_{10}=110$，$a_{11}=178$

を得る。①より　$a_{10}+b_{10}=a_{11}=178$　であるから，

求める確率は　$\dfrac{178}{2^{10}}=\dfrac{89}{512}$　答

(3) **解答**

n は 3 以上の自然数とする。同じ面が 4 回以上連続して出ることのない n 回分の表裏の出方は

[1]　n 回目と $(n-1)$ 回目が異なる面であるような表裏の出方

[2]　n 回目と $(n-1)$ 回目が同じ面で，$(n-1)$ 回目と $(n-2)$ 回目が異なる面であるような表裏の出方

[3]　n 回目と $(n-1)$ 回目と $(n-2)$ 回目が同じ面であるような表裏の出方

のいずれかに分類でき，[1]，[2]，[3] が重複することはない。

[1] が a_n 通り，[2] が b_n 通り，[3] が c_n 通りあるとすると，図 3 により

$$\begin{cases} a_{n+1} = a_n + b_n + c_n & \cdots\cdots ③ \\ b_{n+1} = a_n & \cdots\cdots ④ \\ c_{n+1} = b_n & \cdots\cdots ⑤ \end{cases}$$

a_n
b_n
c_n
a_{n+1}
b_{n+1}
c_{n+1}

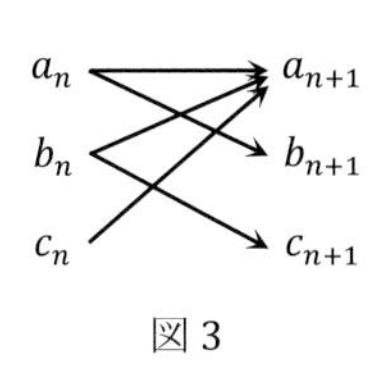

図 3

③ より　$a_{n+2} = a_{n+1} + b_{n+1} + c_{n+1}$

これに ④，⑤ を代入すると　$a_{n+2} = a_{n+1} + a_n + b_n$

よって　$a_{n+3} = a_{n+2} + a_{n+1} + b_{n+1}$

これに ④ を代入すると

$$a_{n+3} = a_{n+2} + a_{n+1} + a_n \quad \cdots\cdots (＊＊)$$

ここで，図 4 により　$a_3 = 4$，$b_3 = 2$，$c_3 = 2$

ゆえに，③，④，⑤ より

$a_4 = 8$，　$b_4 = 4$，　$c_4 = 2$

$a_5 = 14$，$b_5 = 8$，　$c_5 = 4$

したがって，(＊＊) を繰り返し用いて

$a_6 = 26$，　$a_7 = 48$，　$a_8 = 88$，

$a_9 = 162$，　$a_{10} = 298$，　$a_{11} = 548$

を得る。③ より　$a_{10} + b_{10} + c_{10} = a_{11} = 548$　であるから，

求める確率は　$\dfrac{548}{2^{10}} = \dfrac{137}{256}$　答

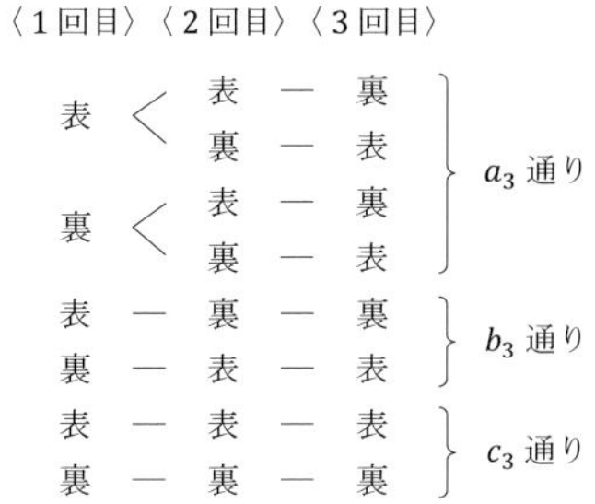

〈1 回目〉〈2 回目〉〈3 回目〉
表　表 — 裏
表　裏 — 表
裏　表 — 裏
裏　裏 — 表
a_3 通り
表 — 裏 — 裏
裏 — 表 — 表
b_3 通り
表 — 表 — 表
裏 — 裏 — 裏
c_3 通り

図 4

【補充問題 13】（解答 p. 172）

次の条件によって定められる数列 $\{a_n\}$ の一般項を求めよ。

(1)　$a_1 = a_2 = 2$，$a_{n+2} = a_{n+1} + a_n$　$(n = 1,\ 2,\ 3,\ \cdots\cdots)$

(2)　$a_1 = a_2 = 0$，$a_3 = 1$，$a_{n+3} = 4a_{n+2} - a_{n+1} - 6a_n$　$(n = 1,\ 2,\ 3,\ \cdots\cdots)$

問題 3.8　分野：式と証明／確率

次の問いに答えよ。

(1)　n は自然数とする。x についての恒等式 $(1+x)^n(x+1)^n=(1+x)^{2n}$ を用いて等式 $\displaystyle\sum_{k=0}^{n}{}_n\mathrm{C}_k{}^2={}_{2n}\mathrm{C}_n$ を証明せよ。

(2)　数直線上を独立に動く 2 点 P，Q は，時刻 $t=0$ においてともに原点の位置にある。時刻 $t=m$（m は自然数）における点 P の座標は，時刻 $t=m-1$ における点 P の座標に $+1$ か -1 を加えたものとして表され，$+1$ になる確率と -1 になる確率はいずれも $\dfrac{1}{2}$ である。点 Q の座標についても同様である。時刻 $t=n$（n は自然数）において 2 点 P，Q の座標が一致したとき，時刻 $t=n-1$ においても 2 点 P，Q の座標が一致していた確率を n の式で表せ。

【考え方のポイント】

(1)　$(1+x)^n(x+1)^n=(1+x)^{2n}$ の両辺を二項定理を用いて展開したとき，両辺の同じ次数の項の係数はそれぞれ等しくなります。ここでは，両辺の x^n の係数を比較します。

(2)　時刻 $t=n$ において 2 点 P，Q の座標が一致するという事象を A，時刻 $t=n-1$ において 2 点 P，Q の座標が一致するという事象を B とすると，求めるものは条件付き確率 $P_A(B)$ です。$P_A(B)=\dfrac{P(A\cap B)}{P(A)}$ における分母と分子をそれぞれ考えます。

---

(1) **証明**

$$(1+x)^n={}_n\mathrm{C}_0+{}_n\mathrm{C}_1x+{}_n\mathrm{C}_2x^2+\cdots\cdots+{}_n\mathrm{C}_nx^n$$
$$(x+1)^n={}_n\mathrm{C}_0x^n+{}_n\mathrm{C}_1x^{n-1}+{}_n\mathrm{C}_2x^{n-2}+\cdots\cdots+{}_n\mathrm{C}_n$$

であるから，$(1+x)^n(x+1)^n$ の展開式における x^n の係数は

$${}_n\mathrm{C}_0{}^2+{}_n\mathrm{C}_1{}^2+{}_n\mathrm{C}_2{}^2+\cdots\cdots+{}_n\mathrm{C}_n{}^2\quad\cdots\cdots①$$

また，$(1+x)^{2n}$ の展開式における x^n の係数は ${}_{2n}\mathrm{C}_n$　$\cdots\cdots$②

x についての恒等式 $(1+x)^n(x+1)^n=(1+x)^{2n}$ の両辺を展開したとき，
両辺の x^n の係数は等しいから，① と ② は等しい。
ゆえに，${}_n\mathrm{C}_0{}^2+{}_n\mathrm{C}_1{}^2+{}_n\mathrm{C}_2{}^2+\cdots\cdots+{}_n\mathrm{C}_n{}^2={}_{2n}\mathrm{C}_n$　であるから題意は証明された。終

参考

$(1+x)^n(x+1)^n=(1+x)^{2n}$ を用いずに証明する方法もあるので，一例を挙げておきます。
S クラス n 人，T クラス n 人の合計 $2n$ 人から n 人を選ぶ方法の総数を考えると，
S クラスから m 人を選ぶとき，T クラスから $(n-m)$ 人を選ぶことになるので

$${}_n\mathrm{C}_0\cdot{}_n\mathrm{C}_n+{}_n\mathrm{C}_1\cdot{}_n\mathrm{C}_{n-1}+{}_n\mathrm{C}_2\cdot{}_n\mathrm{C}_{n-2}+\cdots\cdots+{}_n\mathrm{C}_n\cdot{}_n\mathrm{C}_0={}_{2n}\mathrm{C}_n$$

ゆえに
$${}_n\mathrm{C}_0{}^2+{}_n\mathrm{C}_1{}^2+{}_n\mathrm{C}_2{}^2+\cdots\cdots+{}_n\mathrm{C}_n{}^2={}_{2n}\mathrm{C}_n$$

(2) **解答**

時刻 $t=n$ において2点P，Qの座標が一致する確率を p_n とし，

また，$p_0=1$ ……③ とする。

時刻 $t=0$ から時刻 $t=n$ までの間に，点Pが k 回だけ $+1$ 進む確率は

$$ {}_n\mathrm{C}_k\left(\frac{1}{2}\right)^k\left(\frac{1}{2}\right)^{n-k}={}_n\mathrm{C}_k\left(\frac{1}{2}\right)^n $$

点Qについても同様である。

時刻 $t=n$ において2点P，Qの座標が一致するとき，点Pが $+1$ 進んだ回数と点Qが $+1$ 進んだ回数は一致するから

$$ p_n=\sum_{k=0}^{n}\left\{{}_n\mathrm{C}_k\left(\frac{1}{2}\right)^n\right\}^2=\left(\frac{1}{2}\right)^{2n}\sum_{k=0}^{n}{}_n\mathrm{C}_k{}^2 $$

ここで，(1) で証明した等式を用いて

$$ p_n={}_{2n}\mathrm{C}_n\left(\frac{1}{2}\right)^{2n} $$

$$ =\frac{(2n)!}{4^n n!\,n!} \quad \cdots\cdots ④ $$

④で $n=0$ とすると③に一致するから，④は $n=0$ のときにも成立する。

時刻 $t=n-1$ において2点P，Qの座標が一致し，かつ，次表の（i）または（ii）の推移を経て，時刻 $t=n$ においても2点P，Qの座標が一致する確率は

$$ \left(\frac{1}{4}+\frac{1}{4}\right)p_{n-1}=\frac{1}{2}p_{n-1} \quad \cdots\cdots ⑤ $$

〈時刻 $t=n-1$ から時刻 $t=n$ までの推移〉

	点Pの座標変化	点Qの座標変化	確率
（i）	$+1$	$+1$	$\frac{1}{2}\times\frac{1}{2}=\frac{1}{4}$
（ii）	-1	-1	$\frac{1}{2}\times\frac{1}{2}=\frac{1}{4}$
（iii）	$+1$	-1	$\frac{1}{2}\times\frac{1}{2}=\frac{1}{4}$
（iv）	-1	$+1$	$\frac{1}{2}\times\frac{1}{2}=\frac{1}{4}$

④，⑤より，求める確率は

$$ \frac{\frac{1}{2}p_{n-1}}{p_n}=\frac{1}{2}\cdot\frac{(2n-2)!}{4^{n-1}(n-1)!\,(n-1)!}\cdot\frac{4^n n!\,n!}{(2n)!}=\frac{n}{2n-1} \quad \boxed{答} $$

問題 3.9　分野：2次関数／1次関数／三角関数

0以上のすべての実数 x に対して不等式

$$(x^2-3)\sin\theta+2x\cos\theta+3\geqq 0$$

が成立するような θ の値の範囲を求めよ。ただし，$0\leqq\theta<2\pi$ とする。

【考え方のポイント】

x の関数 $y=(\sin\theta)x^2+2(\cos\theta)x-3\sin\theta+3$ に対して，$x\geqq 0$ の範囲で常に $y\geqq 0$ が成立するような θ の値の範囲を求めます。この関数は，x^2 の係数次第で2次関数にも1次関数にもなりえますから，場合分けが必要です。

解答

与えられた不等式の左辺を y とおくと

$$y=(\sin\theta)x^2+2(\cos\theta)x-3\sin\theta+3 \quad \cdots\cdots ①$$

x^2 の係数 $\sin\theta$ が0となるのは $\theta=0,\ \pi$ のときであり，以下場合分けする。

[1]　$\theta=0$ のとき

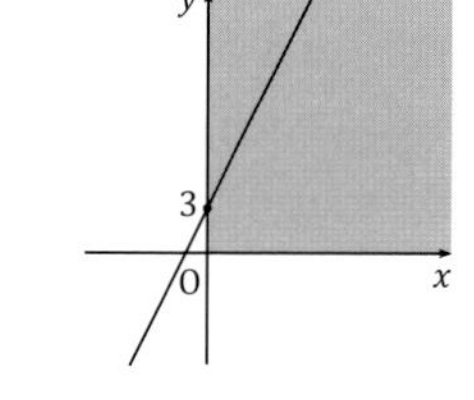

①は $y=2x+3$ となる。

$x=0$ のとき $y=3$ で，y は単調に増加するから，条件を満たす。

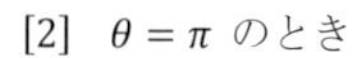

[2]　$\theta=\pi$ のとき

①は $y=-2x+3$ となる。

$x>\dfrac{3}{2}$ のとき $y<0$ となるから，条件を満たさない。

[3]　$\theta\neq 0$ かつ $\theta\neq\pi$ のとき　（※1）

①を変形すると

$$y=(\sin\theta)\left(x+\frac{\cos\theta}{\sin\theta}\right)^2-\frac{\cos^2\theta}{\sin\theta}-3\sin\theta+3 \quad \cdots\cdots ②$$

放物線②の軸は，直線 $x=-\dfrac{\cos\theta}{\sin\theta}$ である。

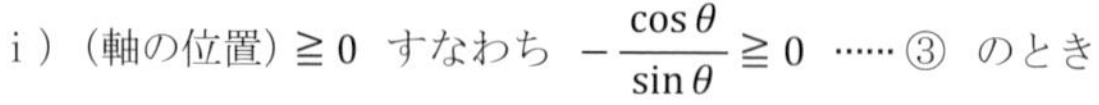

i）（軸の位置）$\geqq 0$ すなわち $-\dfrac{\cos\theta}{\sin\theta}\geqq 0$ ……③ のとき

①$=0$ の判別式を D とすると，$D\leqq 0$ であればよい。　（※2）

$$\frac{D}{4}=\cos^2\theta-\sin\theta(-3\sin\theta+3)=2\sin^2\theta-3\sin\theta+1=(2\sin\theta-1)(\sin\theta-1)$$

であるから，$\dfrac{1}{2}\leqq\sin\theta\leqq 1$ より　$\dfrac{\pi}{6}\leqq\theta\leqq\dfrac{5}{6}\pi$ ……④

③を変形すると　$\sin\theta\cos\theta\leqq 0$　（※3）

よって　「$\sin\theta\geqq 0$ かつ $\cos\theta\leqq 0$」または「$\sin\theta\leqq 0$ かつ $\cos\theta\geqq 0$」

ゆえに　$\dfrac{\pi}{2}\leqq\theta<\pi$ または $\dfrac{3}{2}\pi\leqq\theta<2\pi$ ……⑤

④，⑤の共通範囲を求めて　$\dfrac{\pi}{2}\leqq\theta\leqq\dfrac{5}{6}\pi$

ⅱ）（軸の位置）<0 すなわち $-\dfrac{\cos\theta}{\sin\theta}<0$ ……⑥ のとき

y 切片すなわち $-3\sin\theta+3$ は常に 0 以上であるから，条件を満たす。

⑥ を変形すると　$\sin\theta\cos\theta>0$

よって　「$\sin\theta>0$ かつ $\cos\theta>0$」または「$\sin\theta<0$ かつ $\cos\theta<0$」

ゆえに　$0<\theta<\dfrac{\pi}{2}$ または $\pi<\theta<\dfrac{3}{2}\pi$

ⅰ）ⅱ）より　$0<\theta\leqq\dfrac{5}{6}\pi,\ \pi<\theta<\dfrac{3}{2}\pi$

[1]，[2]，[3] より，求める θ の値の範囲は

$$0\leqq\theta\leqq\frac{5}{6}\pi,\ \pi<\theta<\frac{3}{2}\pi \quad \boxed{答}$$

（※１）

放物線の軸の位置に着目してⅰ）とⅱ）に場合分けしましたが，判別式に着目して場合分けすることもできます。その略解を以下に記しておきます。

[3]　$\theta\neq0$ かつ $\theta\neq\pi$ のとき

ⅰ）$D>0$ すなわち $0<\theta<\dfrac{\pi}{6},\ \dfrac{5}{6}\pi<\theta<\pi,\ \pi<\theta<2\pi$ ……⑦ のとき

y 切片は常に 0 以上であるから，（軸の位置）<0 であればよい。

ゆえに　$0<\theta<\dfrac{\pi}{2},\ \pi<\theta<\dfrac{3}{2}\pi$　……⑧

⑦，⑧ の共通範囲を求めて　$0<\theta<\dfrac{\pi}{6},\ \pi<\theta<\dfrac{3}{2}\pi$

ⅱ）$D\leqq0$ すなわち $\dfrac{\pi}{6}\leqq\theta\leqq\dfrac{5}{6}\pi$ のとき

y の値は常に 0 以上であるから，条件を満たす。

ⅰ）ⅱ）より　$0<\theta\leqq\dfrac{5}{6}\pi,\ \pi<\theta<\dfrac{3}{2}\pi$

（※２）

放物線 ② の頂点の y 座標が 0 以上，すなわち

$$-\frac{\cos^2\theta}{\sin\theta}-3\sin\theta+3\geqq0$$

と考えても，式変形すると同じ式に帰着します。

（※３）

$\dfrac{\cos\theta}{\sin\theta}\leqq0$ の両辺に $\sin^2\theta$ を掛けると $\sin\theta\cos\theta\leqq0$ が得られます。

$\sin^2\theta>0$ なので同値性は崩れません。

問題 3.10　分野：式と証明／指数関数

次の問いに答えよ。

(1)　$x^3+y^3+z^3-3xyz$ を因数分解せよ。

(2)　$a>0$，$b>0$，$c>0$ のとき，不等式

$$\frac{a+b+c}{3} \geqq \sqrt[3]{abc}$$

を証明せよ。また，等号が成立するのはどのようなときか求めよ。

(3)　すべての実数 x に対して不等式

$$16^x - m\cdot 4^x + 2^{x+4} \geqq 0$$

が成立するように，定数 m の値の範囲を定めよ。

【考え方のポイント】

(1) は (2) のヒントで，(2) は (3) のヒントです。全体は，3 個の正の数に対する相加平均と相乗平均の関係がテーマになっています。(1) の因数分解は公式なので答えだけでも構いません。

(1) **解答**

$$\begin{aligned} x^3+y^3+z^3-3xyz &= (x+y)^3-3xy(x+y)+z^3-3xyz \\ &= (x+y)^3+z^3-3xy(x+y+z) \\ &= \{(x+y)+z\}^3-3(x+y)z\{(x+y)+z\}-3xy(x+y+z) \quad (※1) \\ &= (x+y+z)\{(x+y+z)^2-3(x+y)z-3xy\} \\ &= (x+y+z)\{x^2+y^2+z^2+2xy+2yz+2zx-3(x+y)z-3xy\} \\ &= (x+y+z)(x^2+y^2+z^2-xy-yz-zx) \quad \boxed{答} \end{aligned}$$

(※1)

$x^3+y^3=(x+y)^3-3xy(x+y)$ を再度用いました。x を $x+y$ に，y を z に置き換えると，$(x+y)^3+z^3=\{(x+y)+z\}^3-3(x+y)z\{(x+y)+z\}$ が得られます。

(1) **別解**

$P(x)=x^3+y^3+z^3-3xyz=x^3-3yzx+y^3+z^3$ とおくと，

$$P(-y-z)=(-y-z)^3-3yz(-y-z)+y^3+z^3=0 \quad (※2)$$

であるから，$P(x)$ は $x+y+z$ を因数にもつ。$P(x)$ を $x+y+z$ で割ることにより

$$\begin{aligned} P(x) &= (x+y+z)\{x^2-(y+z)x+y^2-yz+z^2\} \\ &= (x+y+z)(x^2+y^2+z^2-xy-yz-zx) \quad \boxed{答} \end{aligned}$$

(※2)

$x^3+y^3+z^3-3xyz$ は x, y, z の対称式なので，因数も対称式から検討するとよいでしょう。

(2) **証明**

$a=A^3$，$b=B^3$，$c=C^3$ とおくと，$a>0$，$b>0$，$c>0$ より $A>0$，$B>0$，$C>0$（※３）

$$a+b+c-3\sqrt[3]{abc}=A^3+B^3+C^3-3\sqrt[3]{A^3B^3C^3}$$
$$=A^3+B^3+C^3-3ABC \quad \cdots\cdots ①$$

ここで (1) の因数分解を用いて変形すると

$$① =(A+B+C)(A^2+B^2+C^2-AB-BC-CA)$$
$$=(A+B+C)\cdot\frac{(A-B)^2+(B-C)^2+(C-A)^2}{2} \quad \cdots\cdots ② \quad (※４)$$

② $\geqq 0$ であるから，$a+b+c\geqq 3\sqrt[3]{abc}$ すなわち与えられた不等式が証明された。
等号が成立するのは，$(A-B)^2+(B-C)^2+(C-A)^2=0$ より $A=B=C$ のとき，
すなわち $a=b=c$ のときである。終

（※３）
一般に，実数 x に対して，$x>0 \Leftrightarrow x^3>0$ が成立します。

（※４）

$$A^2+B^2+C^2-AB-BC-CA=\frac{1}{2}\{(A-B)^2+(B-C)^2+(C-A)^2\}$$

は覚えておきたい等式です。次のように，平方完成を用いて式変形することもできます。

$$A^2+B^2+C^2-AB-BC-CA=A^2-(B+C)A+B^2-BC+C^2$$
$$=\left(A-\frac{B+C}{2}\right)^2-\frac{(B+C)^2}{4}+B^2-BC+C^2$$
$$=\left(A-\frac{B+C}{2}\right)^2+\frac{3}{4}B^2-\frac{3}{2}BC+\frac{3}{4}C^2$$
$$=\left(A-\frac{B+C}{2}\right)^2+\frac{3}{4}(B-C)^2 \quad \cdots\cdots ③$$

③ $\geqq 0$ の等号が成立するのは，$A=\frac{B+C}{2}$ かつ $B=C$，すなわち $A=B=C$ のときです。

(3) **解答**

$2^x=t$ とおくと，$t>0$ であり，
与えられた不等式を変形すると　$t^4-mt^2+16t\geqq 0$
両辺を t^2 で割って　$t^2+\frac{16}{t}\geqq m$
したがって　$t^2+\frac{8}{t}+\frac{8}{t}\geqq m \quad \cdots\cdots ④$　（※５）
ゆえに，すべての正の実数 t に対して不等式④が成立するような定数 m の値の範囲を求めればよい。$t^2>0$，$\frac{8}{t}>0$ であるから，(2) で証明した不等式を用いて

$$t^2+\frac{8}{t}+\frac{8}{t}\geqq 3\sqrt[3]{t^2\cdot\frac{8}{t}\cdot\frac{8}{t}}=12$$

ただし，等号が成立するのは $t^2=\dfrac{8}{t}$ すなわち $t=2$ のときである。

したがって，求める m の値の範囲は　$m \leqq 12$　答

（※5）

$\dfrac{16}{t}=\dfrac{8}{t}+\dfrac{8}{t}$ と，$\dfrac{16}{t}$ を二等分したところが重要です。

例えば $\dfrac{16}{t}=\dfrac{12}{t}+\dfrac{4}{t}$ と変形すると，$t^2+\dfrac{12}{t}+\dfrac{4}{t} \geqq 3\sqrt[3]{t^2\cdot\dfrac{12}{t}\cdot\dfrac{4}{t}}=6\sqrt[3]{6}$

が得られますが，$\dfrac{12}{t}\neq\dfrac{4}{t}$ のため，等号は成立しません。等号が成立しないと $t^2+\dfrac{16}{t}$ の最小値はわからないことになります。

(3) **別解**

$2^x=t$ とおくと，$t>0$ であり，

与えられた不等式を変形すると　$t^4-mt^2+16t \geqq 0$

両辺を t^2 で割って　$\dfrac{t^3+16}{t} \geqq m$　……⑤

ゆえに，すべての正の実数 t に対して不等式⑤が成立するような定数 m の値の範囲を求めればよい。⑤の左辺は，xy 平面において，曲線 $y=x^3+16$ ……⑥ 上の点 $(t,\ t^3+16)$ と原点Oを通る直線の傾きを表す。

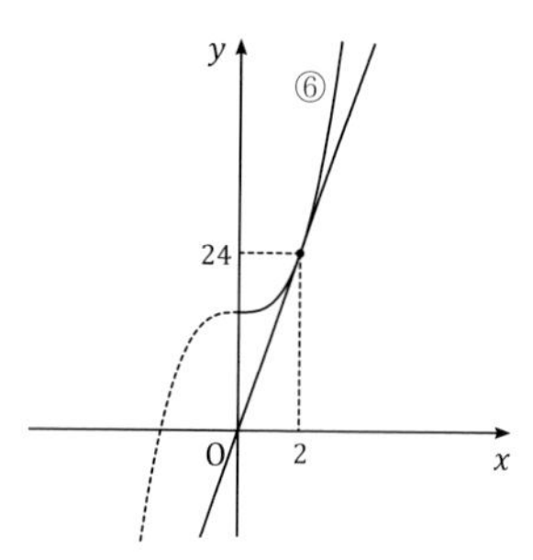

曲線⑥に原点Oから接線を引くとき，

その接点の x 座標を p とおくと，

$y'=3x^2$ より，接線の方程式は

$$y-(p^3+16)=3p^2(x-p)$$

と表される。これに $x=0$，$y=0$ を代入すると

$$-(p^3+16)=3p^2(-p)$$

これを解いて　$p=2$

よって，曲線⑥に原点Oから引いた接線の傾きは　$3p^2=12$

したがって，右図から，求める m の値の範囲は　$m \leqq 12$　答

【補充問題 14】（解答 p.173）

> **次の問いに答えよ。**
>
> **(1)** $a>0$，$b>0$，$c>0$，$d>0$ **のとき，不等式**
>
> $$\frac{a+b+c+d}{4} \geqq \sqrt[4]{abcd}$$
>
> **を証明せよ。また，等号が成立するのはどのようなときか求めよ。**
>
> **(2)　この (1) を利用して，「問題 3.10」(2) に答えよ。**

問題 3.11　分野：指数関数／対数関数／2次関数／複素数と方程式／三角関数

連立方程式 $\begin{cases} 4^x + 4^y = 13 \\ 8^x + 8^y = 35 \end{cases}$ を解け。

【考え方のポイント】

$2^x = X$, $2^y = Y$ と置き換えて得られる2本の方程式はともに X と Y の対称式です。「X と Y の対称式は2変数の基本対称式すなわち $X+Y$ と XY で表せる」ことを利用する解法や，$\sin\theta$ と $\cos\theta$ の対称式に変形する解法があります。

解答

$2^x = X$, $2^y = Y$ とおくと，$X > 0$, $Y > 0$ であり，
与えられた連立方程式を変形すると

$$\begin{cases} X^2 + Y^2 = 13 & \cdots\cdots ① \\ X^3 + Y^3 = 35 & \cdots\cdots ② \end{cases}$$

次に，$X + Y = p$ ……③，$XY = q$ ……④ とおく。

③，④を満たす実数 X, Y が存在するための条件は，t の2次方程式 $t^2 - pt + q = 0$ の判別式を D とすると，$D \geqq 0$ すなわち $p^2 - 4q \geqq 0$ ……⑤ である。（※1）

このとき，X と Y がともに正の数となるための条件は，③，④がともに正であること，すなわち $p > 0$ ……⑥ かつ $q > 0$ ……⑦ である。（※2）

①を p, q を用いて表すと　$p^2 - 2q = 13$

よって　$q = \frac{1}{2}(p^2 - 13)$ ……⑧

②を p, q を用いて表すと　$p^3 - 3pq = 35$

これに⑧を代入すると　$p^3 - \frac{3}{2}p(p^2 - 13) = 35$

これを整理すると　$p^3 - 39p + 70 = 0$

左辺を因数分解して　$(p-2)(p-5)(p+7) = 0$

ゆえに，⑥より　$p = 2,\ 5$

$p = 2$ のとき，⑧より $q = -\frac{9}{2}$ であり，これは⑦を満たさない。

$p = 5$ のとき，⑧より $q = 6$ であり，これは⑤，⑦を満たす。

したがって　$X + Y = 5$, $XY = 6$

X, Y は u の2次方程式 $u^2 - 5u + 6 = 0$ の2解である。

これを解くと　$u = 2,\ 3$

よって　$(X,\ Y) = (2,\ 3),\ (3,\ 2)$

ゆえに　$(x,\ y) = (1,\ \log_2 3),\ (\log_2 3,\ 1)$　答

（※１）

２数 X，Y を解とする t の２次方程式の１つは，$p=X+Y$，$q=XY$ を用いて $t^2-pt+q=0$ と表されます。したがって，この２次方程式が２つの実数解をもつとき，X と Y は実数です。

（※２）

α，β は実数とすると 「$\alpha>0$ かつ $\beta>0$」 $\Leftrightarrow$ 「$\alpha+\beta>0$ かつ $\alpha\beta>0$」 「$\alpha<0$ かつ $\beta<0$」 $\Leftrightarrow$ 「$\alpha+\beta<0$ かつ $\alpha\beta>0$」 「α と β が異符号」 $\Leftrightarrow$ $\alpha\beta<0$

$f(t)=t^2-pt+q$ とすると，条件を

（放物線 $y=f(t)$ の軸の位置）>0 かつ $f(0)>0$

と考えても⑥，⑦が得られます。

別解

$2^x=X$，$2^y=Y$ とおくと，$X>0$，$Y>0$ であり，
与えられた連立方程式を変形すると

$$\begin{cases} X^2+Y^2=13 & \cdots\cdots ⑨ \\ X^3+Y^3=35 & \cdots\cdots ⑩ \end{cases}$$

次に，⑨より $X=\sqrt{13}\cos\theta$，$Y=\sqrt{13}\sin\theta$ とおく。　（※３）

ただし，$X>0$，$Y>0$ より，$0<\theta<\dfrac{\pi}{2}$ とする。

⑩を θ を用いて表すと　$13\sqrt{13}\,(\cos^3\theta+\sin^3\theta)=35$

左辺を因数分解して　$13\sqrt{13}\,(\cos\theta+\sin\theta)(\cos^2\theta-\cos\theta\sin\theta+\sin^2\theta)=35$

したがって　$13\sqrt{13}\,(\sin\theta+\cos\theta)(1-\sin\theta\cos\theta)=35$　$\cdots\cdots$ ⑪

ここで，$\sin\theta+\cos\theta=t$ とおく。

$t=\sqrt{2}\sin\left(\theta+\dfrac{\pi}{4}\right)$ であるから，$\dfrac{\pi}{4}<\theta+\dfrac{\pi}{4}<\dfrac{3}{4}\pi$ より　$1<t\leqq\sqrt{2}$　$\cdots\cdots$ ⑫

$\sin\theta\cos\theta=\dfrac{(\sin\theta+\cos\theta)^2-1}{2}=\dfrac{t^2-1}{2}$ であるから，

⑪を t を用いて表すと　$13\sqrt{13}\,t\left(1-\dfrac{t^2-1}{2}\right)=35$

これを整理すると　$13\sqrt{13}\,t^3-39\sqrt{13}\,t+70=0$

したがって　$\left(\sqrt{13}\,t\right)^3-39\left(\sqrt{13}\,t\right)+70=0$　（※４）

左辺を因数分解して　$\left(\sqrt{13}\,t-2\right)\left(\sqrt{13}\,t-5\right)\left(\sqrt{13}\,t+7\right)=0$

ゆえに，⑫より　$t=\dfrac{5}{\sqrt{13}}$

このとき，$\sin\theta+\cos\theta=\dfrac{5}{\sqrt{13}}$，$\sin\theta\cos\theta=\dfrac{t^2-1}{2}=\dfrac{6}{13}$ であるから

$$X+Y=5,\quad XY=6$$

X，Y は u の2次方程式 $u^2-5u+6=0$ の2解である。

これを解くと　$u=2,\ 3$

よって　$(X,\ Y)=(2,\ 3),\ (3,\ 2)$

ゆえに　$(x,\ y)=(1,\ \log_2 3),\ (\log_2 3,\ 1)$ 答

（※3）

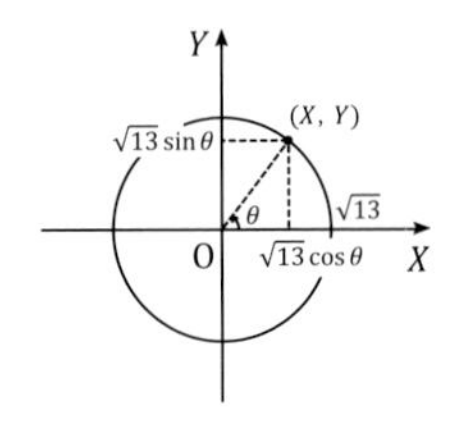

XY 平面において，方程式 $X^2+Y^2=13$ の表す図形は，

原点を中心とする半径 $\sqrt{13}$ の円です。

したがって，この円上の点 $(X,\ Y)$ に対して，

その座標を $\left(\sqrt{13}\cos\theta,\ \sqrt{13}\sin\theta\right)$ と表すことができます。

（※4）

$\sqrt{13}\,t=p$ とおけば，「解答」と同じ3次方程式が得られます。

問題 3.12　分野：対数関数／2次関数／複素数と方程式

正の実数 x, y, z が2つの関係式

$$xyz = 8, \quad (\log_2 x)(\log_2 y)(\log_2 z) = 5$$

を満たして変化するとき，x のとりうる値の範囲を求めよ。

【考え方のポイント】

与えらえた2つの関係式は x, y, z の対称式ですが，正の実数 x に対して

「x が求める値の範囲に属する」$\Longleftrightarrow$「$xyz = 8$ かつ $(\log_2 x)(\log_2 y)(\log_2 z) = 5$ を満たす正の実数 y, z が存在する」

と表現したときの x は，y や z とは性質が異なる文字ですから，混乱しないよう気を付けなければなりません。「解答」では，x を a に置き換えました。

解答

正の実数 a に対して，a が求める値の範囲に属するための条件は，

$$\begin{cases} ayz = 8 & \cdots\cdots ① \\ (\log_2 a)(\log_2 y)(\log_2 z) = 5 & \cdots\cdots ② \end{cases}$$

を満たす正の実数 y, z が存在すること（$*$）である。

① を変形すると　$yz = \dfrac{8}{a}$

両辺，2を底とする対数をとると　$\log_2 y + \log_2 z = 3 - \log_2 a$

次に，② を変形すると，② より $\log_2 a \neq 0$ であるから

$$(\log_2 y)(\log_2 z) = \frac{5}{\log_2 a}$$

よって，$\log_2 y = Y$, $\log_2 z = Z$ とおくと，条件（$*$）は

$$\begin{cases} Y + Z = 3 - \log_2 a \\ YZ = \dfrac{5}{\log_2 a} \end{cases}$$

を満たす実数 Y, Z が存在すること（$**$）と同値である。

t の2次方程式 $t^2 - (3 - \log_2 a)t + \dfrac{5}{\log_2 a} = 0$ の判別式を D とすると　（※1）

$$(**) \Longleftrightarrow D \geqq 0$$

$$\Longleftrightarrow (3 - \log_2 a)^2 - \frac{20}{\log_2 a} \geqq 0 \quad \cdots\cdots ③$$

$\log_2 a = A$ とおくと，A は0でない実数であり，③ を変形すると

$$(3 - A)^2 - \frac{20}{A} \geqq 0$$

ゆえに　$A^2 - 6A + 9 - \dfrac{20}{A} \geqq 0$　$\cdots\cdots$ ④

[1]　$A>0$ のとき

④を変形すると　　$A^3-6A^2+9A-20 \geqq 0$

左辺を因数分解すると　$(A-5)(A^2-A+4) \geqq 0$

$A^2-A+4=\left(A-\dfrac{1}{2}\right)^2+\dfrac{15}{4}>0$ であるから　$A \geqq 5$

これは $A>0$ を満たす。

[2]　$A<0$ のとき

④を変形すると　　$A^3-6A^2+9A-20 \leqq 0$

[1] と同様にこれを解くと　　$A \leqq 5$

$A<0$ と $A \leqq 5$ の共通範囲は　$A<0$

[1]，[2] より，④の解は　　$A<0$，$5 \leqq A$

したがって，③の解は，$\log_2 a<0$，$5 \leqq \log_2 a$ より　$0<a<1$，$32 \leqq a$

ゆえに，求める値の範囲は　$0<x<1$，$32 \leqq x$　答

（※1）

2数 Y，Z を解とする t の2次方程式の1つは，$3-\log_2 a=Y+Z$，$\dfrac{5}{\log_2 a}=YZ$ を用いて $t^2-(3-\log_2 a)\,t+\dfrac{5}{\log_2 a}=0$ と表されます。したがって，この2次方程式が2つの実数解をもつとき，Y と Z は実数です。

【補充問題 15】（解答 p.174）

> **実数 X，Y，Z が2つの関係式**
>
> $$X+Y+Z=3,\quad XYZ=5$$
>
> **を満たして変化するとき，$XY+YZ+ZX$ のとりうる値の範囲を求めよ。**

問題 3.13　分野：対数関数／2次関数／図形と式／複素数と方程式

実数 a, b が $a>1$ かつ $b>1$ を満たして変化するとき，

$$\begin{cases} x = ab \\ \dfrac{1}{y} = \dfrac{1}{\log_2 a} + \dfrac{1}{\log_2 b} \end{cases}$$

で定まる点 $(x,\ y)$ の存在領域を xy 平面上に図示せよ。

【考え方のポイント】

方針としては，$x=k$ と固定しておいて，そのときの y のとりうる値の範囲を調べる方法と，点 $(x,\ y)$ が求める存在領域に属するための条件を考える方法の2通りに大別されます。
前者は **順像法**（**正像法**），後者は **逆像法** などと呼ばれることがあります。

解答

$x=k$ と固定する。ただし，$a>1$ かつ $b>1$ より $x=ab>1$ であるから，$k>1$ とする。
このとき，y のとりうる値の範囲を調べる。

$k=ab$ より $a=\dfrac{k}{b}$ であるから，

$a>1$ であるための条件は $\dfrac{k}{b}>1$ すなわち　$b<k$

したがって，$1<b<k$ の範囲において $\dfrac{1}{y}=\dfrac{1}{\log_2 \frac{k}{b}}+\dfrac{1}{\log_2 b}$ で定まる y のとりうる値の範囲を求めればよい。

$$\frac{1}{y}=\frac{\log_2 b+\log_2 \frac{k}{b}}{\left(\log_2 \frac{k}{b}\right)(\log_2 b)}=\frac{\log_2 k}{(\log_2 k-\log_2 b)(\log_2 b)}$$

$$=\frac{\log_2 k}{-(\log_2 b)^2+(\log_2 k)(\log_2 b)}$$

よって　$y=-\dfrac{1}{\log_2 k}(\log_2 b)^2+\log_2 b$

ここで，$\log_2 b=t$ とおくと，$0<t<\log_2 k$ であり

$$y=-\frac{1}{\log_2 k}t^2+t=-\frac{1}{\log_2 k}\left(t-\frac{\log_2 k}{2}\right)^2+\frac{\log_2 k}{4}$$

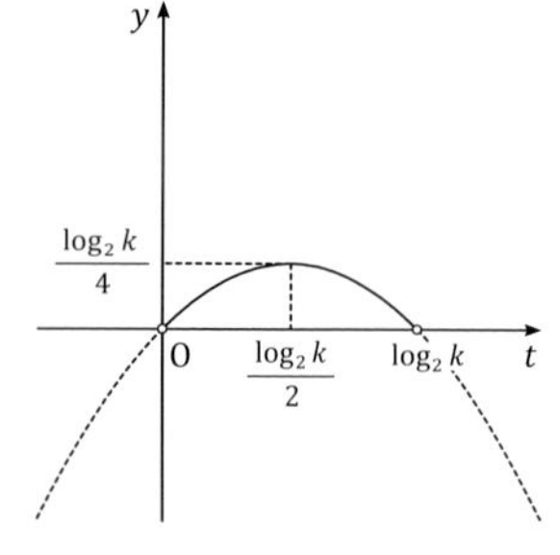

右上図から，y のとりうる値の範囲は　$0<y\leqq\dfrac{1}{4}\log_2 k$

次に，$x=k$ の固定をはずすと，

$x>1$ のもとで　$0<y\leqq\dfrac{1}{4}\log_2 x$

したがって，求める存在領域は右図の網目部分となる。
ただし，x 軸は含まず，それ以外の境界線は含む。答

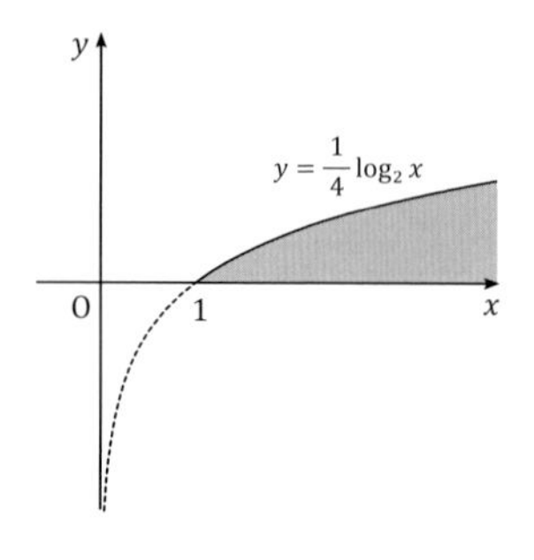

別解

点 $(x,\ y)$ が求める存在領域に属するための条件は,

$$\begin{cases} x = ab & \cdots\cdots ① \\ \dfrac{1}{y} = \dfrac{1}{\log_2 a} + \dfrac{1}{\log_2 b} & \cdots\cdots ② \end{cases}$$

を満たす，1 より大きい実数 a，b が存在すること（＊）である。

① より x は正の数であり，① の両辺に対して 2 を底とする対数をとると

$$\log_2 x = \log_2 a + \log_2 b$$

② を変形すると

$$\frac{1}{y} = \frac{\log_2 a + \log_2 b}{(\log_2 a)(\log_2 b)} = \frac{\log_2 x}{(\log_2 a)(\log_2 b)}$$

ゆえに　$(\log_2 a)(\log_2 b) = y\log_2 x$

よって，$\log_2 a = A$，$\log_2 b = B$ とおくと，

$a > 1$，$b > 1$ より $A > 0$，$B > 0$ であるから，条件（＊）は

$$\begin{cases} A + B = \log_2 x & \cdots\cdots ③ \\ AB = y\log_2 x & \cdots\cdots ④ \end{cases}$$

を満たす正の実数 A，B が存在すること（＊＊）と同値である。

③，④ を満たす実数 A，B が存在するための条件は,

t の 2 次方程式 $t^2 - (\log_2 x)t + y\log_2 x = 0$ の判別式を D とすると，（※１）

$D \geqq 0$ すなわち $(\log_2 x)^2 - 4y\log_2 x \geqq 0$ ……⑤　である。

このとき，A と B がともに正の数となるための条件は,

③，④ がともに正であること，すなわち　（※２）

$\log_2 x > 0$ ……⑥　かつ　$y\log_2 x > 0$ ……⑦　である。

⑤ かつ ⑥ かつ ⑦ より

（＊＊）$\Longleftrightarrow$ 「$x > 1$　かつ　$0 < y \leqq \dfrac{1}{4}\log_2 x$」……⑧

ゆえに，求める存在領域は ⑧ で表され，右図の網目部分となる。ただし，x 軸は含まず，それ以外の境界線は含む。**答**

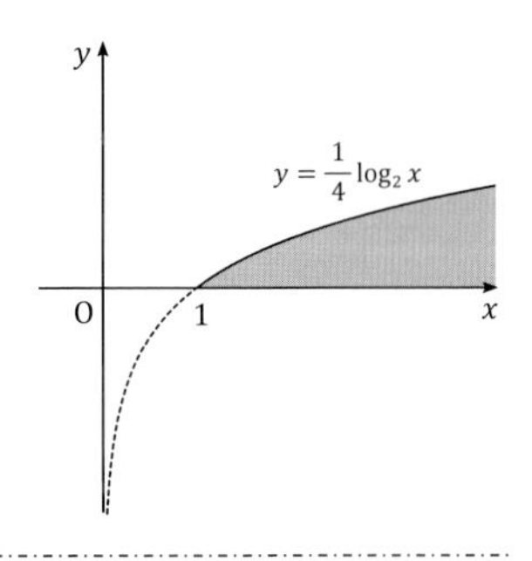

（※１）

2 数 A，B を解とする t の 2 次方程式の 1 つは，$\log_2 x = A + B$，$y\log_2 x = AB$ を用いて $t^2 - (\log_2 x)t + y\log_2 x = 0$ と表されます。したがって，この 2 次方程式が 2 つの実数解をもつとき，A と B は実数です。

（※２）

$f(t) = t^2 - (\log_2 x)t + y\log_2 x$ とすると，条件を

（放物線 $y = f(t)$ の軸の位置）> 0　かつ　$f(0) > 0$

と考えても ⑥，⑦ が得られます。

問題 3.14　分野：図形と式／微分法

xy 平面において曲線 $y=x^2\ (x>0)$ 上を動く点Pがある。点Pにおける曲線の接線と x 軸との交点をQとし，原点Oと点Pを通る直線OPに点Qから下ろした垂線の足をRとする。点Rの軌跡を求めよ。

【考え方のポイント】

点Pの x 座標を t とおくと，直線RQと直線OPの式をそれぞれ t を用いて表すことができます。したがって，t の値 $(t>0)$ を1つ定めると，それに対応して直線RQと直線OPの交点Rも1つに定まります。点 $(x,\ y)$ が求める軌跡に属するための条件は，点 $(x,\ y)$ が直線RQと直線OPの交点となるような実数 $t\ (t>0)$ が存在することです。

解答

点Pの x 座標を t とおく。ただし，$t>0$ である。

$y=x^2$ を微分すると $y'=2x$ であるから，

点Pにおける接線の方程式は

$$y-t^2=2t(x-t)\quad すなわち\quad y=2tx-t^2$$

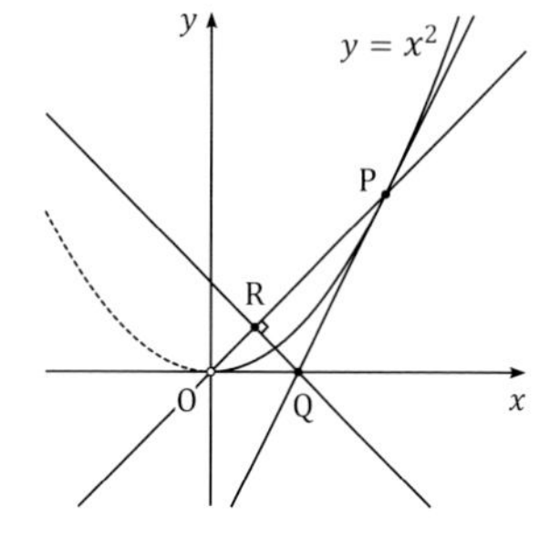

ゆえに，点Qの x 座標は，

方程式 $2tx-t^2=0$ を解いて　$x=\dfrac{t}{2}$

直線OPの傾きは $\dfrac{t^2}{t}=t$ であるから，直線RQの傾きは $-\dfrac{1}{t}$

よって，直線RQの方程式は

$$y=-\frac{1}{t}\left(x-\frac{t}{2}\right)\quad すなわち\quad y=-\frac{1}{t}x+\frac{1}{2}$$

直線OPの方程式は $y=tx$ であり，直線RQと直線OPの交点すなわち点Rの座標は，

連立方程式 $\begin{cases} y=-\dfrac{1}{t}x+\dfrac{1}{2} \\ y=tx \end{cases}$ の実数解に等しい。　(※1)

したがって，点 $(x,\ y)$ が求める軌跡に属するための条件は，

$$y=-\frac{1}{t}x+\frac{1}{2}\ \cdots\cdots ①\quad かつ\quad y=tx\ \cdots\cdots ②\quad かつ\quad t>0\ \cdots\cdots ③$$

を満たす実数 t が存在することである。　(※2)

② で $x=0$ とすると $y=0$ となるが，① より　$(x,\ y)\neq(0,\ 0)$

ゆえに以下，$x\neq 0$ のもとで考える。

② より　$t=\dfrac{y}{x}$　$\cdots\cdots$ ②$'$

②$'$ を ① に代入すると　$y=-\dfrac{x^2}{y}+\dfrac{1}{2}$

これを変形すると　$x^2+\left(y-\dfrac{1}{4}\right)^2=\dfrac{1}{16}$ $\cdots\cdots$ ④　かつ　$y\neq 0$ $\cdots\cdots$ ⑤

②$'$ を ③ に代入すると　$\dfrac{y}{x}>0$　……⑥

④ は xy 平面において点 $\left(0,\ \dfrac{1}{4}\right)$ を中心とする半径 $\dfrac{1}{4}$ の円を表すから，

④ かつ ⑤ かつ ⑥ かつ $x \neq 0$ は，④ かつ $x>0$ と同値である。

④ かつ $x>0$ を満たす任意の点 $(x,\ y)$ に対して，②$'$ より実数 t は存在する。

ゆえに，求める軌跡は，点 $\left(0,\ \dfrac{1}{4}\right)$ を中心とする半径 $\dfrac{1}{4}$ の円の $x>0$ の部分である。［答］

（※１）

定点 $\left(0,\ \dfrac{1}{2}\right)$ を通る直線 $y=-\dfrac{1}{t}x+\dfrac{1}{2}$ と，

定点 $(0,\ 0)$ を通る直線 $y=tx$ は，

傾きの積が -1 なので常に直交します。

したがって，t が $t>0$ の範囲を変化するとき，

点 R の軌跡は，2 点 $\left(0,\ \dfrac{1}{2}\right)$，$(0,\ 0)$ を結ぶ線分を直径とする円の $x>0$ の部分であることが右図から直観的にわかります。

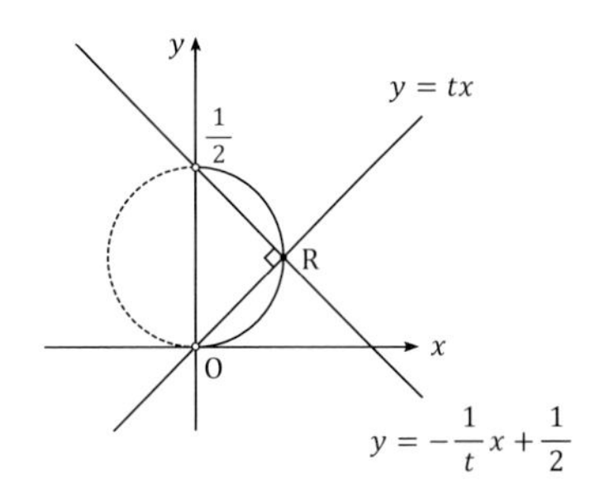

（※２）

連立方程式を解いて点 R の座標を求めると $\left(\dfrac{t}{2(t^2+1)},\ \dfrac{t^2}{2(t^2+1)}\right)$ が得られるので，

点 $(x,\ y)$ が求める軌跡に属するための条件を，

「$x=\dfrac{t}{2(t^2+1)}$　かつ　$y=\dfrac{t^2}{2(t^2+1)}$　を満たす正の実数 t が存在することである」

とすることもできますが，これは「解答」と実質的に同じことです。したがって，点 R の座標を求める必要はありません。

【補充問題 16】（解答 p. 175）

xy 平面において，点 $(2,\ 1)$ を通り，傾きが a_1 である直線を l_1，また，点 $(0,\ 3)$ を通り，傾きが a_2 である直線を l_2 とする。実数 a_1，a_2 が条件 $a_1-a_2=1$ を満たして変化するとき，2 直線 l_1，l_2 の交点の軌跡を求めよ。

問題 3.15　分野：積分法／2次関数

次の等式を満たす関数 $f(x)$ の区間 $0 \leqq x \leqq 2$ における最小値を $m(a)$ とする。$m(a)$ を a の式で表し，$m(a)$ のグラフをかけ。

$$f(x) = x^2 - ax + \int_0^2 f(t)\,dt$$

【考え方のポイント】

$\int_0^2 f(t)dt$ は定数ですから，これを k とおくと，連立方程式 $\begin{cases} k = \int_0^2 f(t)\,dt \\ f(x) = x^2 - ax + k \end{cases}$ が得られます。k を a の式で表せたら，次に2次関数 $f(x)$ のグラフを考えます。

解答

$\int_0^2 f(t)dt = k$（k は定数）とおくと　$f(x) = x^2 - ax + k$

よって　$k = \int_0^2 f(t)dt = \int_0^2 (t^2 - at + k)\,dt = \left[\frac{t^3}{3} - \frac{a}{2}t^2 + kt\right]_0^2 = \frac{8}{3} - 2a + 2k$

ゆえに　$k = 2a - \frac{8}{3}$

したがって　$f(x) = x^2 - ax + 2a - \frac{8}{3} = \left(x - \frac{a}{2}\right)^2 - \frac{a^2}{4} + 2a - \frac{8}{3}$

このグラフの軸は直線 $x = \frac{a}{2}$ である。

[1]　$\frac{a}{2} < 0$ すなわち $a < 0$ のとき

図1から　$m(a) = f(0) = 2a - \frac{8}{3}$

[2]　$0 \leqq \frac{a}{2} \leqq 2$ すなわち $0 \leqq a \leqq 4$ のとき

図2から　$m(a) = f\left(\frac{a}{2}\right) = -\frac{a^2}{4} + 2a - \frac{8}{3}$

[3]　$\frac{a}{2} > 2$ すなわち $a > 4$ のとき

図3から　$m(a) = f(2) = \frac{4}{3}$

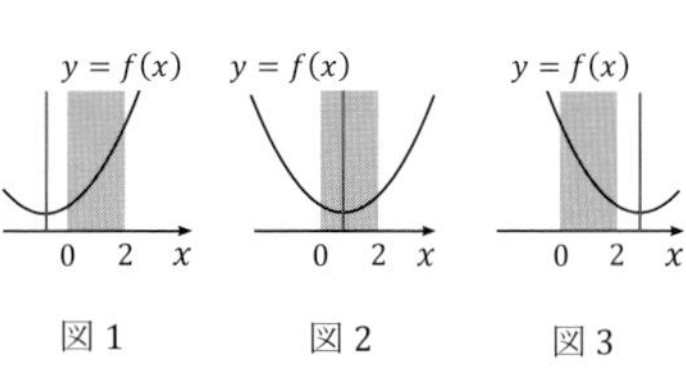

図1　図2　図3

[1]，[2]，[3] より

$$m(a) = \begin{cases} 2a - \frac{8}{3} & (a < 0 \text{ のとき}) \\ -\frac{1}{4}(a-4)^2 + \frac{4}{3} & (0 \leqq a \leqq 4 \text{ のとき}) \\ \frac{4}{3} & (a > 4 \text{ のとき}) \end{cases}$$

したがって，$m(a)$ のグラフは右図のようになる。答

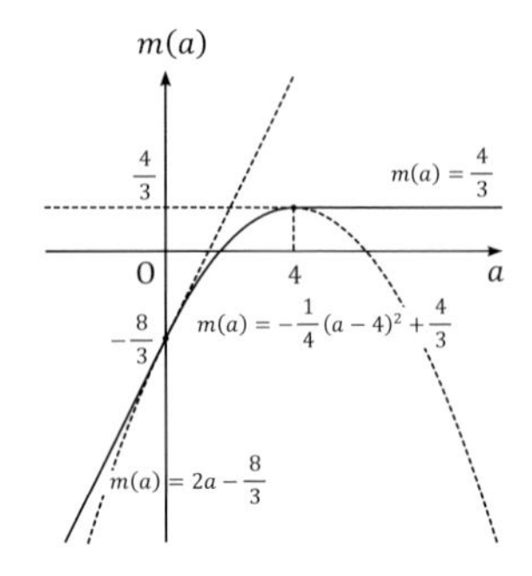

問題 3.16	分野：2 次関数／積分法／微分法

関数 $f(x)=\int_{-1}^{1}|\,t^2+(1-x)t-x\,|\,dt$ について，$y=f(x)$ のグラフをかけ。

【考え方のポイント】

まずは $f(x)$ を簡単な式に変形しなければなりません。積分変数は t ですから，積分計算の際は x を定数とみなします。$g(t)=t^2+(1-x)t-x$ とおいて，絶対値記号をはずすために，積分区間における $g(t)$ の符号をそのグラフで考察するとよいでしょう。x についての場合分けが必要になります。

解答

$g(t)=t^2+(1-x)t-x$ とおくと　$g(t)=(t+1)(t-x)$

$g(t)=0$ とすると $t=-1,\ x$ であり，x の値によって関数 $g(t)$ のグラフは変化する。

[1]　$x\leqq -1$ のとき

右図から，閉区間 $[-1,\ 1]$ において常に $g(t)\geqq 0$ であるから

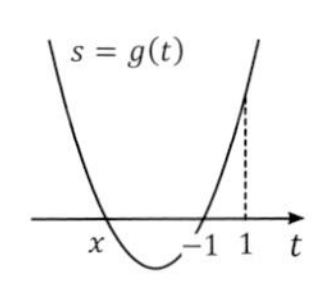

$$f(x)=\int_{-1}^{1}\{t^2+(1-x)t-x\}\,dt \quad \cdots\cdots ①$$

$$=2\int_{0}^{1}(t^2-x)dt \qquad (※1)$$

$$=2\left[\frac{t^3}{3}-xt\right]_0^1=-2x+\frac{2}{3} \quad \cdots\cdots ②$$

[2]　$-1<x<1$ のとき

右図から，閉区間 $[-1,\ x]$ において常に $g(t)\leqq 0$，閉区間 $[x,\ 1]$ において常に $g(t)\geqq 0$ であるから

$$f(x)=-\int_{-1}^{x}\{t^2+(1-x)t-x\}\,dt+\int_{x}^{1}\{t^2+(1-x)t-x\}\,dt$$

$$=\left[\frac{t^3}{3}+\frac{1}{2}(1-x)\,t^2-xt\right]_x^{-1}+\left[\frac{t^3}{3}+\frac{1}{2}(1-x)\,t^2-xt\right]_x^{1}$$

$$=\left\{-\frac{1}{3}+\frac{1}{2}(1-x)+x\right\}+\left\{\frac{1}{3}+\frac{1}{2}(1-x)-x\right\}-2\left\{\frac{1}{3}x^3+\frac{1}{2}(1-x)x^2-x^2\right\}$$

$$=\frac{1}{3}x^3+x^2-x+1$$

[3]　$x\geqq 1$ のとき

右図から，閉区間 $[-1,\ 1]$ において常に $g(t)\leqq 0$ であるから

$$f(x)=-\int_{-1}^{1}\{t^2+(1-x)t-x\}\,dt$$

これは ① を -1 倍したものであるから，② を用いて

$$f(x)=2x-\frac{2}{3}$$

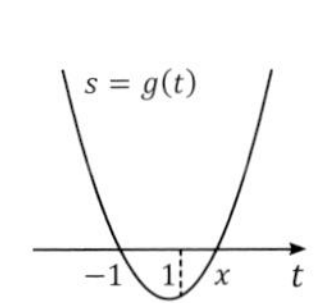

[1]，[2]，[3] より

$$f(x)=\begin{cases}-2x+\dfrac{2}{3} & (x\leqq -1 \text{ のとき})\\ \dfrac{1}{3}x^3+x^2-x+1 & (-1<x<1 \text{ のとき})\\ 2x-\dfrac{2}{3} & (x\geqq 1 \text{ のとき})\end{cases}$$

ここで，$-1<x<1$ における $f(x)$ について調べる。

$f'(x)=x^2+2x-1$

$f'(x)=0$ とすると　$x=\sqrt{2}-1$

よって，右の増減表を得る。

x	(-1)	……	$\sqrt{2}-1$	……	(1)
$f'(x)$		$-$	0	$+$	
$f(x)$	$\left(\frac{8}{3}\right)$	↘	極小	↗	$\left(\frac{4}{3}\right)$

$\dfrac{1}{3}x^3+x^2-x+1$ を x^2+2x-1 で割ると，

商が $\dfrac{1}{3}x+\dfrac{1}{3}$ で余りが $-\dfrac{4}{3}x+\dfrac{4}{3}$ となるから

$$f(x)=(x^2+2x-1)\left(\frac{1}{3}x+\frac{1}{3}\right)-\frac{4}{3}x+\frac{4}{3}$$

$x=\sqrt{2}-1$ のとき $x^2+2x-1=0$ であるから

$$f\left(\sqrt{2}-1\right)=-\frac{4}{3}\left(\sqrt{2}-1\right)+\frac{4}{3}=\frac{8-4\sqrt{2}}{3}$$

したがって，$x\leqq -1$，$1\leqq x$ のときも含めて，

$y=f(x)$ のグラフは右図のようになる。答

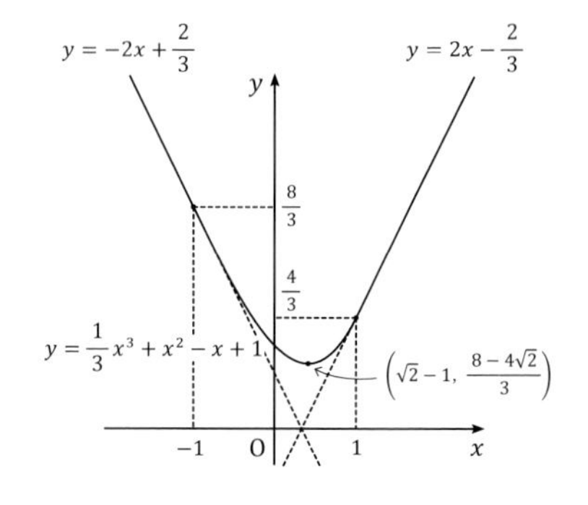

（※１）偶関数・奇関数の定積分

関数 $f(x)$ について，

定義域において常に　$f(-x)=f(x)$　が成立するとき，$f(x)$ を **偶関数**，

定義域において常に　$f(-x)=-f(x)$　が成立するとき，$f(x)$ を **奇関数**

といいます。偶関数のグラフは y 軸に関して対称で，奇関数のグラフは原点に関して対称です。$f(x)$ の定義域内で積分区間 $[-a,\ a]$ をとると，

$f(x)$ が偶関数であるとき　$\displaystyle\int_{-a}^{a}f(x)\,dx=2\int_{0}^{a}f(x)\,dx$

$f(x)$ が奇関数であるとき　$\displaystyle\int_{-a}^{a}f(x)\,dx=0$

が成立します。具体例を挙げると，n を 0 以上の整数として，次の等式が成立します。

$$\int_{-a}^{a}x^{2n}\,dx=2\int_{0}^{a}x^{2n}\,dx,\qquad \int_{-a}^{a}x^{2n+1}\,dx=0$$

問題 3.17　分野：積分法／2次関数／式と証明／図形と式

a は 0 でない定数とする。2次関数 $f(x)$ が，すべての1次関数 $g(x)$ に対して

$$\int_0^a f(x)g(x)\,dx = 0$$

を満たすとき，放物線 $y = f(x)$ の頂点はどのような図形上にあるか。

【考え方のポイント】

$f(x) = px^2 + qx + r$，$g(x) = sx + t$ とおくと，$\int_0^a (px^2 + qx + r)(sx + t)\,dx = 0$ は s，t についての恒等式だと考えます。ただし，$p \neq 0$，$s \neq 0$ です。s の係数 $\int_0^a (px^2 + qx + r)x\,dx$ と t の係数 $\int_0^a (px^2 + qx + r)\,dx$ がともに 0 になります。放物線 $y = f(x)$ の頂点の座標を p で表せれば，p を $p < 0$，$0 < p$ の範囲で動かし，その頂点の軌跡を視覚的に把握できます。

解答

$f(x)$ は2次関数，$g(x)$ は1次関数であるから，$f(x) = px^2 + qx + r$，$g(x) = sx + t$ とおく。ただし，$p \neq 0$，$s \neq 0$ とする。

$\int_0^a f(x)g(x)\,dx = 0$ より　$\int_0^a (px^2 + qx + r)(sx + t)\,dx = 0$

これを変形すると　$s\int_0^a (px^3 + qx^2 + rx)\,dx + t\int_0^a (px^2 + qx + r)\,dx = 0$

よって　$s\left[\frac{p}{4}x^4 + \frac{q}{3}x^3 + \frac{r}{2}x^2\right]_0^a + t\left[\frac{p}{3}x^3 + \frac{q}{2}x^2 + rx\right]_0^a = 0$

ゆえに　$s\left(\frac{p}{4}a^4 + \frac{q}{3}a^3 + \frac{r}{2}a^2\right) + t\left(\frac{p}{3}a^3 + \frac{q}{2}a^2 + ra\right) = 0$

この等式が，$s \neq 0$ を満たすすべての実数 s，t に対して成立するとき

$$\frac{p}{4}a^4 + \frac{q}{3}a^3 + \frac{r}{2}a^2 = 0 \quad \text{かつ} \quad \frac{p}{3}a^3 + \frac{q}{2}a^2 + ra = 0$$

$a \neq 0$ であるから，$\frac{p}{4}a^2 + \frac{q}{3}a + \frac{r}{2} = 0$ ……① かつ $\frac{p}{3}a^2 + \frac{q}{2}a + r = 0$ ……②

② より　$r = -\frac{p}{3}a^2 - \frac{q}{2}a$ ……②′

②′ を ① に代入して整理すると $pa^2 + qa = 0$ であるから　$q = -ap$ ……①′

①′ を ②′ に代入して　$r = \frac{1}{6}a^2p$

したがって，2次関数 $f(x)$ は，$f(x) = px^2 - apx + \frac{1}{6}a^2p$ と表される。

これを変形すると　$f(x) = p\left(x - \frac{a}{2}\right)^2 - \frac{1}{12}a^2p$

よって，放物線 $y = f(x)$ の頂点の座標は　$\left(\frac{a}{2},\ -\frac{1}{12}a^2p\right)$

$p \neq 0$ であるから，この頂点は，直線 $x = \frac{a}{2}$ から点 $\left(\frac{a}{2},\ 0\right)$ を除いた図形上にある。答

問題 3.18 分野：積分法／2次関数

以下の問いに答えよ。

(1) 実数 a，b，c に対して，次の不等式を証明せよ。

$$\int_0^1 (ax^2+bx+c)^2\,dx \geqq \left\{\int_0^1 (ax^2+bx+c)\,dx\right\}^2$$

(2) 関数 $f(b,\ c)=\int_0^1 (x^2+bx+c)^2\,dx$ の最小値を求めよ。また，そのときの実数 b，c の値を求めよ。

【考え方のポイント】

2変数の場合の平方完成が主なテーマです。「問題1.27」の「別解」や「問題3.10」の（※4）と同様の平方完成になりますが，(2) は (1) を利用すると式変形の手間が省けます。

(1) **証明**

$$(\text{左辺})=\int_0^1 (a^2x^4+b^2x^2+c^2+2abx^3+2bcx+2cax^2)\,dx$$
$$=\left[\frac{1}{5}a^2x^5+\frac{1}{3}b^2x^3+c^2x+\frac{1}{2}abx^4+bcx^2+\frac{2}{3}cax^3\right]_0^1$$
$$=\frac{1}{5}a^2+\frac{1}{3}b^2+c^2+\frac{1}{2}ab+bc+\frac{2}{3}ca$$

$$(\text{右辺})=\left(\left[\frac{1}{3}ax^3+\frac{1}{2}bx^2+cx\right]_0^1\right)^2$$
$$=\left(\frac{1}{3}a+\frac{1}{2}b+c\right)^2 \quad \cdots\cdots ①$$
$$=\frac{1}{9}a^2+\frac{1}{4}b^2+c^2+\frac{1}{3}ab+bc+\frac{2}{3}ca$$

よって，(左辺) − (右辺)

$$=\left(\frac{1}{5}a^2+\frac{1}{3}b^2+c^2+\frac{1}{2}ab+bc+\frac{2}{3}ca\right)-\left(\frac{1}{9}a^2+\frac{1}{4}b^2+c^2+\frac{1}{3}ab+bc+\frac{2}{3}ca\right)$$
$$=\frac{4}{45}a^2+\frac{1}{12}b^2+\frac{1}{6}ab$$
$$=\frac{1}{12}(b^2+2ab)+\frac{4}{45}a^2 \quad (※1)$$
$$=\frac{1}{12}(b+a)^2+\frac{1}{180}a^2 \quad \cdots\cdots ②$$

$(b+a)^2 \geqq 0$，$a^2 \geqq 0$ であるから　② $\geqq 0$　（※2）

したがって，与えられた不等式が証明された。終

（※1）

(2) で $a=1$ のときを考えるため，b について降べきの順に整理し，平方完成します。

（※２）

②$\geqq 0$ の等号が成立するのは $a=0$ かつ $b=0$ のときです。

(1) **別解**

$g(x)=ax^2+bx+c$ とおいて，不等式 $\displaystyle\int_0^1\{g(x)\}^2\,dx \geqq \left\{\int_0^1 g(x)\,dx\right\}^2$ ……（＊）

を証明すればよい。（※３）

$G(t)=\displaystyle\int_0^1\{t-g(x)\}^2\,dx$ とおくと，すべての実数 t に対して $G(t)\geqq 0$ が成立する。

$$G(t)=\int_0^1 t^2\,dx-\int_0^1 2tg(x)\,dx+\int_0^1\{g(x)\}^2\,dx$$
$$=t^2-2t\int_0^1 g(x)\,dx+\int_0^1\{g(x)\}^2\,dx$$

であるから，$G(t)=0$ の判別式を D とすると，$\dfrac{D}{4}\leqq 0$ より

$$\left\{\int_0^1 g(x)\,dx\right\}^2-\int_0^1\{g(x)\}^2\,dx\leqq 0$$

したがって，（＊）が成立するから，題意は証明された。終

（※３）

一般に，次の式を **コーシー・シュワルツの不等式** といいます。

$$\left\{\int_a^b f(x)g(x)\,dx\right\}^2\leqq\left\{\int_a^b\{f(x)\}^2\,dx\right\}\left\{\int_a^b\{g(x)\}^2\,dx\right\}$$

実数 t を用いる上記の証明法は，覚えておかないと思いつくのは難しいかもしれません。

(2) **解答**

(1) の ② より

$$\int_0^1(ax^2+bx+c)^2\,dx=\left\{\int_0^1(ax^2+bx+c)\,dx\right\}^2+\frac{1}{12}(b+a)^2+\frac{1}{180}a^2$$

これに (1) の ① を代入すると

$$\int_0^1(ax^2+bx+c)^2\,dx=\left(\frac{1}{3}a+\frac{1}{2}b+c\right)^2+\frac{1}{12}(b+a)^2+\frac{1}{180}a^2$$

ここで，$a=1$ のときを考えると，

$$f(b,\ c)=\left(c+\frac{1}{2}b+\frac{1}{3}\right)^2+\frac{1}{12}(b+1)^2+\frac{1}{180}$$ を得る。

したがって，関数 $f(b,\ c)$ は，$c+\dfrac{1}{2}b+\dfrac{1}{3}=0$ かつ $b+1=0$，すなわち

$(b,\ c)=\left(-1,\ \dfrac{1}{6}\right)$ で最小値 $\dfrac{1}{180}$ をとる。答

問題 3.19　**分野：積分法／微分法／図形と式**

関数 $f(x)=\int_0^x (t^3+at^2+b)\,dt$ が極大値と極小値をもつための実数 a，b の条件を求めよ。また，この条件が表す ab 平面上の領域を図示せよ。

【考え方のポイント】

$f(x)$ は 4 次関数です。ただし，この 4 次関数を求めておく必要はありません。4 次関数 $f(x)$ が極大値と極小値をもつための条件は，$f'(x)$ の符号に着目すれば，$y=f'(x)$ のグラフが x 軸と異なる 3 つの共有点をもつことだとわかります。「問題 1.23」の (1) で，極値についての基本的な考え方を復習しておくとよいでしょう。

解答

与えられた関数を微分すると　$f'(x)=x^3+ax^2+b$　（※1）

関数 $f(x)$ が $x=\alpha$ で極大になるとき，$f'(\alpha)=0$ であり，$x=\alpha$ の前後で $f'(x)$ の符号が正から負に変化する。

関数 $f(x)$ が $x=\beta$ で極小になるとき，$f'(\beta)=0$ であり，$x=\beta$ の前後で $f'(x)$ の符号が負から正に変化する。

$y=f'(x)$ のグラフが x 軸と異なる 3 つの共有点をもつとき，図 1 のように，関数 $f(x)$ において，極大値をとる x の値，極小値をとる x の値はともに存在する。

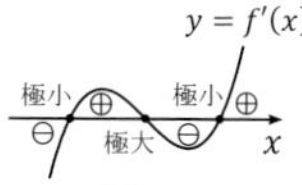

図 1

$y=f'(x)$ のグラフが，x 軸と異なる 2 つの共有点またはただ 1 つの共有点をもつとき，図 2，図 3 のように，関数 $f(x)$ において，極大値をとる x の値，極小値をとる x の値がともに存在することはない。

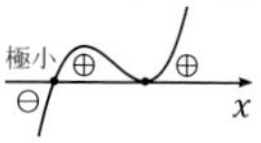

図 2 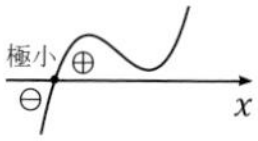　図 3

したがって，関数 $f(x)$ が極大値と極小値をもつための条件は，

$y=f'(x)$ のグラフが x 軸と異なる 3 つの共有点をもつことである。（※2）

ここで，$f'(x)=g(x)$ すなわち $g(x)=x^3+ax^2+b$ とおく。

$$g'(x)=3x^2+2ax=x(3x+2a)$$

$g'(x)=0$ とすると　$x=0,\ -\frac{2}{3}a$

$y=g(x)$ のグラフが x 軸と異なる 3 つの共有点をもつための条件は，関数 $g(x)$ が極大値と極小値をもち，それらが異符号となることである。

[1]　$-\frac{2}{3}a>0$ すなわち $a<0$ のとき

右の増減表により，

条件は　$g(0)>0$ かつ $g\left(-\frac{2}{3}a\right)<0$

すなわち　$0<b<-\frac{4}{27}a^3$

x	……	0	……	$-\frac{2}{3}a$	……
$g'(x)$	+	0	−	0	+
$g(x)$	↗	b	↘	$\frac{4}{27}a^3+b$	↗

[2]　$-\frac{2}{3}a=0$ すなわち $a=0$ のとき

右の増減表により，
関数 $g(x)$ は極値をもたず，不適。

x	……	0	……
$g'(x)$	$+$	0	$+$
$g(x)$	↗	b	↗

[3]　$-\frac{2}{3}a<0$ すなわち $a>0$ のとき

右の増減表により，

条件は　$g(0)<0$ かつ $g\left(-\frac{2}{3}a\right)>0$

すなわち　$-\frac{4}{27}a^3<b<0$

x	……	$-\frac{2}{3}a$	……	0	……
$g'(x)$	$+$	0	$-$	0	$+$
$g(x)$	↗	$\frac{4}{27}a^3+b$	↘	b	↗

[1]，[2]，[3] より，求める条件は

「$a<0$ かつ $0<b<-\frac{4}{27}a^3$」または「$a>0$ かつ $-\frac{4}{27}a^3<b<0$」 答　（※3）

関数 $h(a)=-\frac{4}{27}a^3$ は，

$h'(a)=-\frac{4}{9}a^2\leqq 0$ より，

単調減少関数である。
したがって，求める ab 平面上の領域は
右図の網目部分である。
ただし，境界線を含まない。答

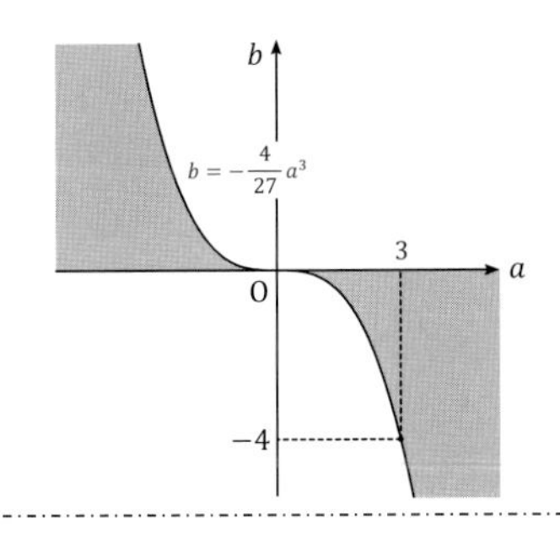

（※1）定積分と微分の関係

> a を定数として，$\frac{d}{dx}\int_a^x f(t)\,dt=f(x)$ が成立します。

（※2）

条件 p，q を

p： $y=f'(x)$ のグラフが x 軸と異なる 3 つの共有点をもつ

q：関数 $f(x)$ において，極大値をとる x の値，極小値をとる x の値がともに存在する

と定めると，$p\Rightarrow q$ かつ $\bar{p}\Rightarrow\bar{q}$（対偶は $q\Rightarrow p$）より，$p\Leftrightarrow q$ が成立します。

（※3）

この条件は，様々な変形が考えられます。

別解1：「$b>0$ かつ $4a^3+27b<0$」または「$b<0$ かつ $4a^3+27b>0$」

別解2：$(4a^3+27b)b<0$

問題 3.20　分野：微分法／図形と式

xy 平面において，点 $(a,\ b)$ から曲線 $y = x^4 - x$ に 2 本の接線が引けるとき，点 $(a,\ b)$ の存在範囲を図示せよ。

【考え方のポイント】

$g(x) = x^4 - x$ とおくと，曲線上の点 $(t,\ g(t))$ における接線の式は $y - g(t) = g'(t)(x - t)$ と表せます。したがって，点 $(a,\ b)$ から曲線に接線を引いたときの接点の x 座標 t は，t の方程式 $b - g(t) = g'(t)(a - t)$ の実数解です。接点の個数は，接線の本数と同じ 2 個なのかどうか，確認しなければなりません。3 次関数のグラフでは，1 本の接線には必ず 1 個の接点が対応しますが，4 次関数のグラフでは，1 本の接線に 2 個の接点が対応することもあります。「問題 3.21」および「補充問題 17」を参照してください。

解答

$y' = 4x^3 - 1$ より，曲線上の点 $(t,\ t^4 - t)$ における接線の方程式は

$$y - (t^4 - t) = (4t^3 - 1)(x - t)$$

すなわち　$y = (4t^3 - 1)x - 3t^4$　……①

異なる 2 つの実数 t_1，t_2 に対して $4{t_1}^3 - 1 \neq 4{t_2}^3 - 1$ が成立するから，

t の値が異なると ① は異なる直線を表す。

ゆえに，曲線 $y = x^4 - x$ において，1 本の接線には 1 つの t の値が対応する。

したがって，点 $(a,\ b)$ が求める存在範囲に属するための条件は，

t の方程式 $b = (4t^3 - 1)a - 3t^4$ ……②　が異なる 2 つの実数解をもつことである。

② を整理すると　$3t^4 - 4at^3 + a + b = 0$

ここで　$f(t) = 3t^4 - 4at^3 + a + b$ とおく。

$$f'(t) = 12t^3 - 12at^2 = 12t^2(t - a)$$

$f'(t) = 0$ とすると　$t = 0,\ a$

[1]　$a < 0$ のとき

右の増減表により，

条件は　$f(a) < 0$

すなわち　$b < a^4 - a$

t	……	a	……	0	……
$f'(t)$	$-$	0	$+$	0	$+$
$f(t)$	↘	$-a^4 + a + b$	↗	$a + b$	↗

[2]　$a = 0$ のとき

右の増減表により，

条件は　$f(0) < 0$

すなわち　$b < 0$

t	……	0	……
$f'(t)$	$-$	0	$+$
$f(t)$	↘	b	↗

[3]　$a>0$ のとき

右の増減表により，

条件は　　$f(a)<0$

すなわち　$b<a^4-a$

t	……	0	……	a	……
$f'(t)$	$-$	0	$-$	0	$+$
$f(t)$	↘	$a+b$	↘	$-a^4+a+b$	↗

[1]，[2]，[3] より，条件は

$$\begin{cases} a\neq 0 \text{ のとき} & b<a^4-a \quad \cdots\cdots ③ \\ a=0 \text{ のとき} & b<0 \quad \cdots\cdots ④ \end{cases}$$

ここで，③ で $a=0$ とすると ④ に一致するから，③ は $a=0$ のときにも成立する。

よって，条件は $b<a^4-a$ とまとめられる。

したがって，求める存在範囲は，不等式 $y<x^4-x$ で表される領域である。

$g(x)=x^4-x$ とおくと　$g'(x)=4x^3-1$

$g'(x)=0$ とすると　$x=\dfrac{1}{\sqrt[3]{4}}$

よって，下の増減表を得る。

ゆえに，求める存在範囲は右図の網目部分である。ただし，境界線を含まない。答

x	……	$\frac{1}{\sqrt[3]{4}}$	……
$g'(x)$	$-$	0	$+$
$g(x)$	↘	$-\frac{3}{4\sqrt[3]{4}}$	↗

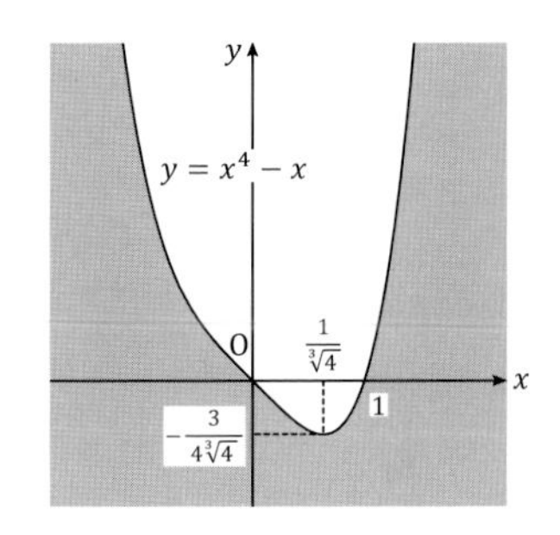

参考

xy 平面において，点 $(a,\ b)$ から曲線 $y=x^4-x$ に1本の接線が引けるとき，t の方程式 $b=(4t^3-1)a-3t^4$ がただ1つの実数解（重解）をもつときを考えて，点 $(a,\ b)$ の存在範囲は，曲線 $y=x^4-x$ となります。

$f(t)=3t^4-4at^3+a+b$ の増減表から，曲線 $y=x^4-x$ に3本以上の接線が引けるような点は存在しないことがわかります。

問題 3.21　分野：微分法／集合と命題／式と証明

次の問いに答えよ。

(1)　k は実数とする。3次の整式 $f(x)$ が $(x-k)^2$ で割り切れるとき，$f(k)=0$ かつ $f'(k)=0$ が成立することを示せ。

(2)　k は実数とする。3次の整式 $f(x)$ が $f(k)=0$ かつ $f'(k)=0$ を満たすとき，$f(x)$ は $(x-k)^2$ で割り切れることを示せ。

(3)　xy 平面における任意の3次関数のグラフに対して，異なる2点で接する直線は存在しないことを示せ。

【考え方のポイント】

(1)，(2) では，$f(x)$ の式を具体的に設定して考えます。(3) では，「存在しないこと」を直接証明するのは難しいため，背理法を用いるとよいでしょう。その際，(2) が利用できます。

---

(1) **証明**

3次の整式 $f(x)$ を $(x-k)^2$ で割ったときの商は1次式であり，$mx+n$ と表せる。
ただし，m，n は定数で，$m \neq 0$ とする。このとき

$$f(x)=(x-k)^2(mx+n) \quad \cdots\cdots ①$$
$$=(x^2-2kx+k^2)(mx+n)$$
$$=mx^3+(n-2km)x^2+(k^2m-2kn)x+k^2n$$

ゆえに　$f'(x)=3mx^2+2(n-2km)x+k^2m-2kn \quad \cdots\cdots ②$　（※1）

① より　$f(k)=0$

② より　$f'(k)=3mk^2+2(n-2km)k+k^2m-2kn=0$

が成立するから，題意は示された。終

（※1）
数学Ⅲの微分法が既習であれば，① を微分して $f'(x)$ を求めるとよいでしょう。
その際，商 $mx+n$ は一般的に $Q(x)$ とおいても構いません。

(2) **証明**

3次の整式 $f(x)$ を $(x-k)^2$ で割ったときの商を $mx+n$，余りを $ux+v$ とおく。
ただし，m，n，u，v は定数で，$m \neq 0$ とする。このとき

$$f(x)=(x-k)^2(mx+n)+ux+v$$

$f(k)=uk+v$ であるから，$f(k)=0$ より　$uk+v=0 \quad \cdots\cdots ③$

$f'(x)=\{(x-k)^2(mx+n)\}'+u$ と (1) より $f'(k)=u$ であるから，　（※2）

$f'(k)=0$ より　$u=0$

これを ③ に代入すると　$v=0$

したがって，$f(x)$ を $(x-k)^2$ で割ったときの余りが0となるから，題意は示された。終

（※２）

(1) で $f(x)=(x-k)^2(mx+n)$ のとき $f'(k)=0$ が成立したことを利用しました。

(2) **別解**

３次の整式 $f(x)$ を $f(x)=ax^3+bx^2+cx+d$ とおく。

ただし，a，b，c，d は定数で，$a\neq 0$ とする。

$f(k)=0$ より　$ak^3+bk^2+ck+d=0$　……④

$f'(x)=3ax^2+2bx+c$ であるから，$f'(k)=0$ より　$3ak^2+2bk+c=0$

ゆえに　$c=-3ak^2-2bk$　……⑤

⑤を④に代入して整理すると　$d=2ak^3+bk^2$　……⑥

⑤，⑥より　$f(x)=ax^3+bx^2-(3ak^2+2bk)x+2ak^3+bk^2$

この $f(x)$ を $(x-k)^2$ すなわち $x^2-2kx+k^2$ で割ると，　（※３）

商が $ax+2ak+b$，余りが０となる。

よって，$f(x)$ は $(x-k)^2$ で割り切れるから，題意は示された。終

（※３）

組立除法を用いて $x-k$ で割ることを２回繰り返しても構いません。

$f(x)$ を $x-k$ で割ると，商 $ax^2+(b+ak)x-(2ak^2+bk)$，余り 0 が得られ，

この商をさらに $x-k$ で割ると，商 $ax+2ak+b$，余り 0 が得られます。

(3) **証明**

３次関数 $y=f(x)$ のグラフに対して，直線 $y=g(x)$ が異なる２点で接すると仮定する。

２つの接点の x 座標を t_1，t_2 $(t_1\neq t_2)$ とすると，

接点の y 座標について　$f(t_1)=g(t_1)$，$f(t_2)=g(t_2)$

接線の傾きについて　$f'(t_1)=g'(t_1)$，$f'(t_2)=g'(t_2)$　（※４）

ここで，$h(x)=f(x)-g(x)$ とおく。

$h(x)$ は３次の整式であるから，(2) を用いると，

$h(t_1)=f(t_1)-g(t_1)=0$ かつ $h'(t_1)=f'(t_1)-g'(t_1)=0$ より，

$h(x)$ は $(x-t_1)^2$ で割り切れ，また，

$h(t_2)=f(t_2)-g(t_2)=0$ かつ $h'(t_2)=f'(t_2)-g'(t_2)=0$ より，

$h(x)$ は $(x-t_2)^2$ で割り切れる。

$h(x)$ を $(x-t_1)^2$，$(x-t_2)^2$ で割ったときの商は１次式であり，

それぞれの商を $px+q$，$rx+s$ とおくと，

$$h(x)=(x-t_1)^2(px+q),\quad h(x)=(x-t_2)^2(rx+s)$$

と表せ，x についての恒等式 $(x-t_1)^2(px+q)=(x-t_2)^2(rx+s)$ ……⑦ を得る。

ただし，p，q，r，s は定数で，$p\neq 0$，$r\neq 0$ とする。

⑦の両辺に $x=t_2$ を代入すると　$(t_2-t_1)^2(pt_2+q)=0$

$t_2 - t_1 \neq 0$ より　$pt_2 + q = 0$
ゆえに　$q = -pt_2$
これを⑦に代入すると　$(x - t_1)^2(px - pt_2) = (x - t_2)^2(rx + s)$
両辺を $x - t_2$ で割って　$p(x - t_1)^2 = (x - t_2)(rx + s)$
両辺に $x = t_2$ を代入すると　$p(t_2 - t_1)^2 = 0$
これは，$p \neq 0$ かつ $t_2 - t_1 \neq 0$ であることに矛盾する。（※５）
したがって，3 次関数 $y = f(x)$ のグラフに対して，直線 $y = g(x)$ が異なる 2 点で接することはない。また，3 次関数 $y = f(x)$ において，x の値を定めるとそれに対応して y の値がただ 1 つに定まるから，y 軸に平行な直線も異なる 2 点で接することはない。（※６）
よって，任意の 3 次関数のグラフに対して，異なる 2 点で接する直線は存在しないことが示された。終

（※４）
$g(x)$ は 1 次関数または定数関数ですから，$g'(t_1) = g'(t_2) =$（定数）が成立しますが，答案でこれを述べる必要はありません。

（※５）
$t_1 \neq t_2$ のため，3 次の整式 $h(x)$ が $(x - t_1)^2$ と $(x - t_2)^2$ をともに因数にもつことはない，ということを丁寧に導きましたが，次のような答案でも構いません。

2 重解は重なった 2 個の解，3 重解は重なった 3 個の解と考えると，
一般に 3 次方程式は複素数の範囲で 3 個の解をもつ。
ゆえに，3 次方程式 $h(x) = 0$ が 2 つの 2 重解 $x = t_1$，t_2 をもつことは，これに矛盾する。

（※６）
直線 $y = g(x)$ は，$x = \alpha$ の形で表される y 軸に平行な直線を含まないので，これについて言及しました。

参考

一般に，整式 $f(x)$ が何次の整式であっても，
「$f(x)$ が $(x - k)^2$ で割り切れる」$\Leftrightarrow$「$f(k) = 0$ かつ $f'(k) = 0$」……（＊）
が成立します。
この証明は，数学Ⅲの微分法が既習であれば容易で，（※１）の考え方がポイントです。

【補充問題 17】（解答 p. 176）

xy 平面において，曲線 $y = x^4 - x^3$ に異なる 2 点で接するような直線の方程式を求めよ。（参考の（＊）を用いてよい）

問題 3.22　分野：ベクトル／図形と式

平面上に，相異なる 2 定点 O，A と，条件 $\overrightarrow{\mathrm{OP}}\cdot\overrightarrow{\mathrm{OA}}=3\left|\overrightarrow{\mathrm{OA}}\right|^2$ を満たしながら動く点 P がある。半直線 OP 上に点 Q を，$\left|\overrightarrow{\mathrm{OP}}\right|\left|\overrightarrow{\mathrm{OQ}}\right|=6\left|\overrightarrow{\mathrm{OA}}\right|$ となるようにとるとき，点 Q の軌跡を求めよ。

【考え方のポイント】

ベクトルが用いられていますが，点 P の存在条件を考えればよく，その意味では典型的な軌跡の問題です。点 P に対して $\left|\overrightarrow{\mathrm{OP}}\right|\left|\overrightarrow{\mathrm{OQ}}\right|=6\left|\overrightarrow{\mathrm{OA}}\right|$ だけでは点 Q の位置は決まらないので，点 Q は半直線 OP（点 O が端点）上にある，というのも式で表現しなければなりません。

解答

3 点 A，P，Q の点 O に関する位置ベクトルをそれぞれ $\vec{a}$，$\vec{p}$，$\vec{q}$ とする。

点 Pの条件は　$\vec{p}\cdot\vec{a}=3|\vec{a}|^2$　……①

点 Q は半直線 OP 上にあるから　$\vec{q}=|\vec{q}|\dfrac{\vec{p}}{|\vec{p}|}$　……②

また，$\left|\overrightarrow{\mathrm{OP}}\right|\left|\overrightarrow{\mathrm{OQ}}\right|=6\left|\overrightarrow{\mathrm{OA}}\right|$ より　$|\vec{p}|\,|\vec{q}|=6|\vec{a}|$　……③

点 P が ① を満たしながら動くとき，② かつ ③ で定まる点 Q の軌跡を求めればよい。

平面上の点 Q $(\vec{q})$ に対して，点 Q $(\vec{q})$ が求める軌跡に属するための条件は，① かつ ② かつ ③ を満たす点 P $(\vec{p})$ が存在することである。

③ より　$|\vec{p}|=\dfrac{6|\vec{a}|}{|\vec{q}|}$　……④

④ を ② に代入して変形すると　$\vec{p}=\dfrac{6|\vec{a}|}{|\vec{q}|^2}\vec{q}$　……⑤

⑤ の両辺のベクトルに対して大きさをとれば ④ となるから，② かつ ③ は，⑤ と同値である。

⑤ を ① に代入して変形すると　$|\vec{a}|\,|\vec{q}|^2-2\vec{a}\cdot\vec{q}=0$

両辺を $|\vec{a}|$ で割って　$|\vec{q}|^2-2\dfrac{\vec{a}}{|\vec{a}|}\cdot\vec{q}=0$

よって　$\left|\vec{q}-\dfrac{\vec{a}}{|\vec{a}|}\right|^2-1=0$　（※1）　すなわち　$\left|\vec{q}-\dfrac{\vec{a}}{|\vec{a}|}\right|=1$

ただし，点 P $(\vec{p})$ の存在条件を考えて，⑤ より　$|\vec{q}|\neq 0$

したがって，求める軌跡は，半直線 OA 上で O からの距離が 1 である点を B とすると，点 B を中心とする半径 1 の円である。ただし，点 O を除く。答

（※1）

$\vec{q}$ について平方完成しましたが，$\vec{q}\cdot\left(\vec{q}-2\dfrac{\vec{a}}{|\vec{a}|}\right)=0$ と変形してもよいでしょう。半直線 OA 上で O からの距離が 2 である点を C とすると，この式は線分 OC を直径とする円を表します。

問題 3.23　分野：ベクトル／整数の性質

x，y は -2 以上の整数とする。空間における 2 つのベクトル $\vec{a}=(x,\ y,\ -1)$，$\vec{b}=(1,\ -2,\ 2)$ のなす角が 135° であるとき，x，y の値を求めよ。

【考え方のポイント】

$\vec{a}$ と $\vec{b}$ のなす角が 135° であることを方程式で表現すれば $ax^2+bxy+cy^2+dx+ey+f=0$ というタイプの不定方程式に帰着します（「問題 3.1」参照）。「解答」では，y について降べきの順に整理し，判別式に着目して必要条件を考えました。x について降べきの順にしても，計算は煩雑ですが，同様の解答がつくれます。2 次の項 $ax^2+bxy+cy^2$ に関して b^2-4ac の値が正なので，(x，y の 1 次式)×(x，y の 1 次式) =(定数) の形に式変形することもできます。

解答

$|\vec{a}|=\sqrt{x^2+y^2+1}$，$|\vec{b}|=3$，$\vec{a}\cdot\vec{b}=x-2y-2$ であるから，

$\vec{a}$ と $\vec{b}$ のなす角について，$\cos 135^\circ=\dfrac{\vec{a}\cdot\vec{b}}{|\vec{a}|\,|\vec{b}|}$ より　$-\dfrac{1}{\sqrt{2}}=\dfrac{x-2y-2}{3\sqrt{x^2+y^2+1}}$

ゆえに　$\sqrt{2}(x-2y-2)=-3\sqrt{x^2+y^2+1}$

これを変形すると　$2(x-2y-2)^2=9(x^2+y^2+1)$ ……①　かつ　$x-2y-2\leqq 0$ ……②

① を満たす -2 以上の整数 x，y を求めて，それが ② を満たすかどうか調べればよい。

① を展開して整理すると　$7x^2+8xy+y^2+8x-16y+1=0$　……（＊）

x を定数（-2 以上の整数）とみなすと，y についての 2 次方程式

$y^2+(8x-16)y+7x^2+8x+1=0$ ……③ を得る。

③ の判別式を D とすると，③ の解は $y=-4x+8\pm\sqrt{\dfrac{D}{4}}$ ……④ と表される。

よって，y が整数であるための条件は $\dfrac{D}{4}$ が 0 または平方数となることである。

$$\frac{D}{4}=(4x-8)^2-(7x^2+8x+1)=3^2(x^2-8x+7)$$

であるから，$x^2-8x+7=k^2$（k は 0 以上の整数）とおける。

これを変形すると　$(x-4)^2-k^2=9$

したがって　$(x-4-k)(x-4+k)=9$

$x-4-k$ と $x-4+k$ は整数であり，$x-4-k\leqq x-4+k$ であるから

$$(x-4-k,\ x-4+k)=(-9,\ -1),\ (-3,\ -3),\ (1,\ 9),\ (3,\ 3)$$

それぞれの場合で x，k の連立方程式を解くと

$$(x,\ k)=(-1,\ 4),\ (1,\ 0),\ (9,\ 4),\ (7,\ 0)$$

x は -2 以上の整数，k は 0 以上の整数であるから，これらはすべて適する。

次に，-2 以上の整数 y を求める。

[1]　$(x,\ k)=(-1,\ 4)$ のとき

④より $y=0,\ 24$ であり，これらは $y\geqq -2$ を満たす。

さらに，$(x,\ y)=(-1,\ 0),\ (-1,\ 24)$ は②を満たす。

[2]　$(x,\ k)=(1,\ 0)$ のとき

④より $y=4$ であり，これは $y\geqq -2$ を満たす。

さらに，$(x,\ y)=(1,\ 4)$ は②を満たす。

[3]　$(x,\ k)=(9,\ 4)$ のとき

④より $y=-40,\ -16$ であり，これらは $y\geqq -2$ を満たさない。

[4]　$(x,\ k)=(7,\ 0)$ のとき

④より $y=-20$ であり，これは $y\geqq -2$ を満たさない。

[1]～[4]より，求める $x,\ y$ の値は　$(x,\ y)=(-1,\ 0),\ (-1,\ 24),\ (1,\ 4)$　答

別解（ただし（＊）までは同じ）

$$7x^2+8xy+y^2+8x-16y+1=0 \quad \cdots\cdots (＊)$$

y について降べきの順に整理すると　$y^2+(8x-16)y+7x^2+8x+1=0$

y について平方完成して　$(y+4x-8)^2-9x^2+72x-63=0$

したがって　$(y+4x-8)^2-9(x-4)^2=-81$

左辺を因数分解して　$\{y+4x-8-3(x-4)\}\{y+4x-8+3(x-4)\}=-81$

すなわち　$(x+y+4)(7x+y-20)=-81$　（※1）

$x\geqq -2,\ y\geqq -2$ より $x+y+4\geqq 0$ であり，$x+y+4$ と $7x+y-20$ は整数であるから

$$(x+y+4,\ 7x+y-20)=(1,\ -81),\ (3,\ -27),\ (9,\ -9),\ (27,\ -3),\ (81,\ -1)$$

それぞれの場合で $x,\ y$ の連立方程式を解くと

$$(x,\ y)=\left(-\frac{29}{3},\ \frac{20}{3}\right),\ (-1,\ 0),\ (1,\ 4),\ (-1,\ 24),\ \left(-\frac{29}{3},\ \frac{260}{3}\right)$$

$x,\ y$ は -2 以上の整数であるから

$$(x,\ y)=(-1,\ 0),\ (1,\ 4),\ (-1,\ 24)$$

これらは $x-2y-2\leqq 0$ を満たす。

よって，求める $x,\ y$ の値は　$(x,\ y)=(-1,\ 0),\ (1,\ 4),\ (-1,\ 24)$　答

（※1）

（＊）から $(x+y+4)(7x+y-20)=-81$ を導く方法は複数あります。（「補充問題18」参照）

【補充問題18】（解答 p.177）

$7x^2+8xy+y^2+8x-16y+k$ が $x,\ y$ の1次式の積に因数分解できるような定数 k の値を求めよ。また，そのとき，この式を因数分解せよ。

問題 3.24　分野：ベクトル／三角関数／図形の性質

座標空間内の定点 A $(11,\ 18,\ 15)$ と動点 P $(3\cos\theta+2,\ 5\sin\theta-2,\ 4\cos\theta+3)$ について，次の問いに答えよ。ただし，$0\leqq\theta<2\pi$ とする。

(1) 動点 P が描く軌跡は一定の平面における円であることを示せ。また，その円の中心と半径を求めよ。

(2) (1) の円と定点 A は同一平面上にあることを示せ。

(3) 線分 AP の長さの最大値と最小値を求めよ。

【考え方のポイント】

例えば，xy 平面において，座標が $(a_1,\ a_2)$ である点 A の位置ベクトル $\vec{a}$ は，$\vec{a}=(a_1,\ a_2)$ と成分表示されますが，これは，$\overrightarrow{e_1}=(1,\ 0)$，$\overrightarrow{e_2}=(0,\ 1)$ を用いれば，$\vec{a}=a_1\overrightarrow{e_1}+a_2\overrightarrow{e_2}$ と基本ベクトル表示することもできます。(1) では，空間内のある平面において，この考え方を応用します。(2)，(3) は，前の問いを利用すれば易しいでしょう。

(1) **証明**

点 P の座標を $(x,\ y,\ z)$ とおくと

$$(x,\ y,\ z)=(3\cos\theta+2,\ 5\sin\theta-2,\ 4\cos\theta+3)$$
$$=(2,\ -2,\ 3)+\cos\theta\,(3,\ 0,\ 4)+\sin\theta\,(0,\ 5,\ 0)$$

O を原点として，$\overrightarrow{\mathrm{OB}}=(2,\ -2,\ 3)$，$\overrightarrow{\mathrm{BC}}=(3,\ 0,\ 4)$，$\overrightarrow{\mathrm{BD}}=(0,\ 5,\ 0)$ を満たす点 B，C，D をとると，点 P の位置について

$$\overrightarrow{\mathrm{OP}}=\overrightarrow{\mathrm{OB}}+(\cos\theta)\overrightarrow{\mathrm{BC}}+(\sin\theta)\overrightarrow{\mathrm{BD}}\quad\cdots\cdots ①$$

と表される。$|\overrightarrow{\mathrm{BC}}|=5$，$|\overrightarrow{\mathrm{BD}}|=5$ であり，また，$\overrightarrow{\mathrm{BC}}\cdot\overrightarrow{\mathrm{BD}}=0$ より $\overrightarrow{\mathrm{BC}}\perp\overrightarrow{\mathrm{BD}}$ であるから，$\overrightarrow{\mathrm{BC}}$，$\overrightarrow{\mathrm{BD}}$ と同じ向きの単位ベクトルをそれぞれ $\overrightarrow{e_1}$，$\overrightarrow{e_2}$ とおくと

$$\overrightarrow{e_1}=\frac{1}{5}\overrightarrow{\mathrm{BC}},\quad \overrightarrow{e_2}=\frac{1}{5}\overrightarrow{\mathrm{BD}},\quad \overrightarrow{e_1}\perp\overrightarrow{e_2}$$

このとき ① を変形すると　$\overrightarrow{\mathrm{BP}}=5(\cos\theta)\overrightarrow{e_1}+5(\sin\theta)\overrightarrow{e_2}$

ここで，3 点 B，C，D を含む平面において，B が原点で，$\overrightarrow{e_1}$，$\overrightarrow{e_2}$ が基本ベクトルとなるような X 軸，Y 軸を設定し，点 P の座標を $(X,\ Y)=(5\cos\theta,\ 5\sin\theta)$ と表す。

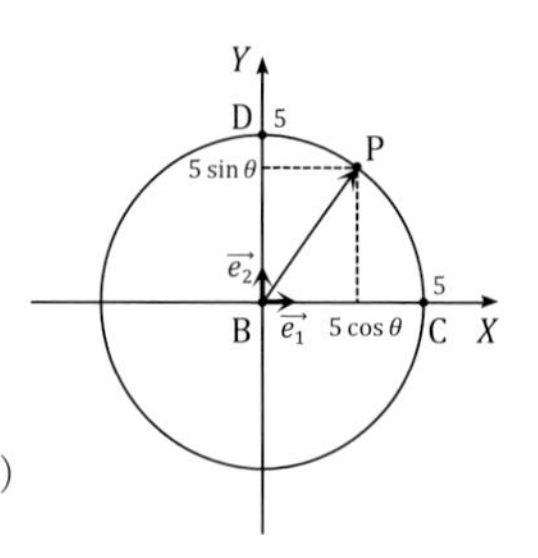

このとき，点 P の軌跡の方程式は $X^2+Y^2=25$ であり，　（※1）

点 P の軌跡は XY 平面上の円といえる。よって，題意は示された。

円の中心は点 B すなわち点 $(2,\ -2,\ 3)$ で，半径は 5 である。終

（※1）

点 P の軌跡を W とおくと，XY 平面上の点 $(X,\ Y)$ に対して

$(X,\ Y)\in W \Leftrightarrow X=5\cos\theta$ かつ $Y=5\sin\theta$ を満たす θ $(0\leqq\theta<2\pi)$ が存在する

$\Leftrightarrow X^2+Y^2=25$

(2) **証明**

(1) の円は，一直線上にない 3 点 B，C，D を含む平面上にある。
ゆえに，点 A がその平面上にあること，すなわち，
$s\overrightarrow{\mathrm{BC}}+t\overrightarrow{\mathrm{BD}}=\overrightarrow{\mathrm{BA}}$ を満たす実数 s，t が存在することを示せばよい。　（※2）
この方程式のベクトルを成分表示すると

$$s\,(3,\ 0,\ 4)+t\,(0,\ 5,\ 0)=(9,\ 20,\ 12)$$

よって　$(3s,\ 5t,\ 4s)=(9,\ 20,\ 12)$
これを満たす実数 s，t は　$s=3$，$t=4$
したがって，題意は示された。終

（※2）

3 点 A，B，C は一直線上にないとすると，
「点 P が平面 ABC 上にある」
⇔「$\overrightarrow{\mathrm{AP}}=s\overrightarrow{\mathrm{AB}}+t\overrightarrow{\mathrm{AC}}$ を満たす実数 s，t が存在する」

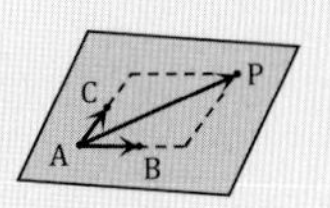

(1) の円は XY 平面上の円なので，$u\overrightarrow{e_1}+v\overrightarrow{e_2}=\overrightarrow{\mathrm{BA}}$ を満たす実数 u，v が存在することを示しても構いません。

(3) **解答**

点 A (11，18，15) と (1) の円の中心 B (2，−2，3) を結ぶ線分 AB の長さは

$$\mathrm{AB}=\sqrt{(11-2)^2+\{18-(-2)\}^2+(15-3)^2}=25$$

(1) の円の半径は 5 であるから，右図により，
線分 AP の長さの最大値は 30，最小値は 20　答

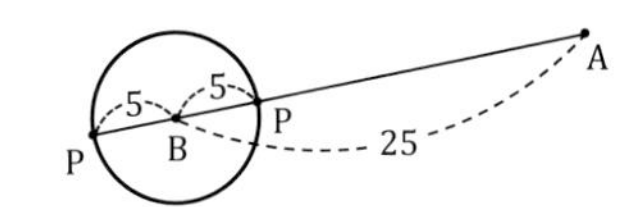

(3) **別解**

$$\mathrm{AP}^2=(3\cos\theta+2-11)^2+(5\sin\theta-2-18)^2+(4\cos\theta+3-15)^2$$
$$=25\sin^2\theta+25\cos^2\theta-200\sin\theta-150\cos\theta+625$$
$$=-200\sin\theta-150\cos\theta+650$$
$$=-250\sin(\theta+\alpha)+650$$

ただし，$\sin\alpha=\dfrac{3}{5}$，$\cos\alpha=\dfrac{4}{5}$

$0\leqq\theta<2\pi$ より $\alpha\leqq\theta+\alpha<2\pi+\alpha$ であるから，AP^2 は，

$\theta+\alpha=\dfrac{3}{2}\pi$ のとき　最大値 $250+650=900$，

$\theta+\alpha=\dfrac{\pi}{2}$ のとき　最小値 $-250+650=400$　をとる。

したがって，AP の最大値は 30，最小値は 20　答

問題 3.25　分野：ベクトル／図形の性質

四面体 OABC において，$\mathrm{OA}=3$，$\mathrm{OB}=4$，$\mathrm{OC}=6$，$\angle\mathrm{AOB}=\angle\mathrm{BOC}=\angle\mathrm{COA}=60^\circ$ とし，$\triangle\mathrm{ABC}$ の重心を G とする。点 P が平面 OBC 上を動くとき，線分 AP と線分 GP の長さの和の最小値を求めよ。また，そのときの点 P は平面 OBC においてどのような位置にあるか求めよ。

【考え方のポイント】

点 A を平面 OBC に関して対称移動した点を D とすると，

$\mathrm{AP}+\mathrm{GP}=\mathrm{DP}+\mathrm{GP}\geqq\mathrm{DG}$ が成立します。（右図参照）

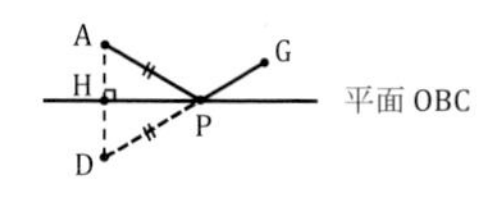

$\mathrm{AP}+\mathrm{GP}$ が最小となる点 P は，線分 DG と平面 OBC の交点です。

$\overrightarrow{\mathrm{OD}}$ を求めるには，点 A から平面 OBC に垂線 AH を下ろしておいて，まず $\overrightarrow{\mathrm{OH}}$ から考えます。なお，点 A を平面 OBC に関して対称移動する代わりに，点 G を平面 OBC に関して対称移動しても構いません。同様の解答が得られます。

解答

$\overrightarrow{\mathrm{OA}}=\vec{a}$，$\overrightarrow{\mathrm{OB}}=\vec{b}$，$\overrightarrow{\mathrm{OC}}=\vec{c}$ とおくと

$$|\vec{a}|=3,\ |\vec{b}|=4,\ |\vec{c}|=6,\quad \vec{a}\cdot\vec{b}=3\cdot4\cos60^\circ=6,$$

$$\vec{b}\cdot\vec{c}=4\cdot6\cos60^\circ=12,\quad \vec{c}\cdot\vec{a}=6\cdot3\cos60^\circ=9$$

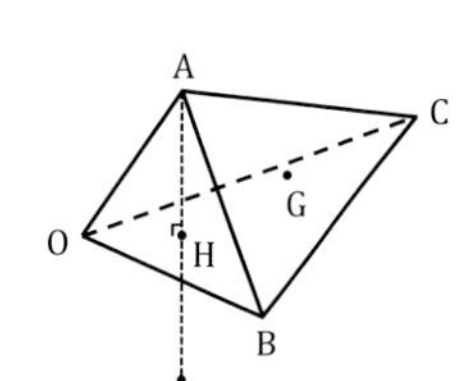

点 A から平面 OBC に垂線 AH を下ろし，

$\overrightarrow{\mathrm{OH}}=s\vec{b}+t\vec{c}$（$s$，$t$ は実数）とおくと，

$$\overrightarrow{\mathrm{AH}}=\overrightarrow{\mathrm{OH}}-\overrightarrow{\mathrm{OA}}=s\vec{b}+t\vec{c}-\vec{a}$$

であるから，$\overrightarrow{\mathrm{AH}}\perp\overrightarrow{\mathrm{OB}}$，$\overrightarrow{\mathrm{AH}}\perp\overrightarrow{\mathrm{OC}}$ より

$$\begin{cases}(s\vec{b}+t\vec{c}-\vec{a})\cdot\vec{b}=0 & \cdots\cdots① \\ (s\vec{b}+t\vec{c}-\vec{a})\cdot\vec{c}=0 & \cdots\cdots②\end{cases}$$

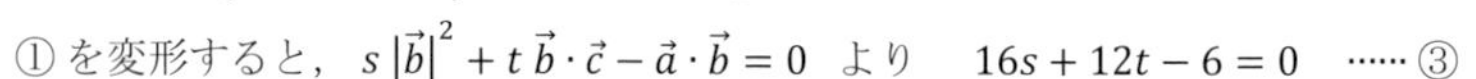

① を変形すると，$s|\vec{b}|^2+t\vec{b}\cdot\vec{c}-\vec{a}\cdot\vec{b}=0$ より　$16s+12t-6=0$　$\cdots\cdots③$

② を変形すると，$s\vec{b}\cdot\vec{c}+t|\vec{c}|^2-\vec{c}\cdot\vec{a}=0$ より　$12s+36t-9=0$　$\cdots\cdots④$

③，④ を連立して解くと　$s=\dfrac{1}{4}$，$t=\dfrac{1}{6}$

ゆえに　$\overrightarrow{\mathrm{OH}}=\dfrac{1}{4}\vec{b}+\dfrac{1}{6}\vec{c}$

ここで，点 H に関して点 A と対称な点を D とする。

点 P が平面 OBC 上を動くとき，$\mathrm{AP}=\mathrm{DP}$ であるから，$\mathrm{AP}+\mathrm{GP}$ すなわち $\mathrm{DP}+\mathrm{GP}$ が最小になるのは，3 点 D，P，G が一直線上にあるときである。

したがって，$\mathrm{DP}+\mathrm{GP}$ の最小値は線分 DG の長さに等しい。

$$\overrightarrow{\mathrm{OD}}=\overrightarrow{\mathrm{OH}}+\overrightarrow{\mathrm{AH}}=2\overrightarrow{\mathrm{OH}}-\overrightarrow{\mathrm{OA}}=2\left(\frac{1}{4}\vec{b}+\frac{1}{6}\vec{c}\right)-\vec{a}=-\vec{a}+\frac{1}{2}\vec{b}+\frac{1}{3}\vec{c}$$

よって　$\overrightarrow{\mathrm{DG}}=\overrightarrow{\mathrm{OG}}-\overrightarrow{\mathrm{OD}}=\dfrac{1}{3}(\vec{a}+\vec{b}+\vec{c})-\left(-\vec{a}+\dfrac{1}{2}\vec{b}+\dfrac{1}{3}\vec{c}\right)=\dfrac{4}{3}\vec{a}-\dfrac{1}{6}\vec{b}$

ゆえに　$\left|\overrightarrow{\mathrm{DG}}\right|^2=\left|\dfrac{4}{3}\vec{a}-\dfrac{1}{6}\vec{b}\right|^2=\dfrac{16}{9}|\vec{a}|^2-\dfrac{4}{9}\vec{a}\cdot\vec{b}+\dfrac{1}{36}\left|\vec{b}\right|^2=\dfrac{124}{9}$　であるから，

求める最小値は　$\sqrt{\dfrac{124}{9}}=\dfrac{2\sqrt{31}}{3}$　答

次に，このときの点 P の位置を考える。点 P は直線 DG 上にあるから，

$\overrightarrow{\mathrm{OP}}=\overrightarrow{\mathrm{OD}}+k\,\overrightarrow{\mathrm{DG}}$（$k$ は実数）とおくと

$$\overrightarrow{\mathrm{OP}}=-\vec{a}+\frac{1}{2}\vec{b}+\frac{1}{3}\vec{c}+k\left(\frac{4}{3}\vec{a}-\frac{1}{6}\vec{b}\right)$$
$$=\left(\frac{4}{3}k-1\right)\vec{a}+\left(-\frac{1}{6}k+\frac{1}{2}\right)\vec{b}+\frac{1}{3}\vec{c}$$

点 P は平面 OBC 上の点でもあるから，$\dfrac{4}{3}k-1=0$　より　$k=\dfrac{3}{4}$

ゆえに　$\overrightarrow{\mathrm{OP}}=\dfrac{3}{8}\vec{b}+\dfrac{1}{3}\vec{c}$

$$=\frac{17}{24}\cdot\frac{9\vec{b}+8\vec{c}}{17}\qquad（※1）$$

したがって，線分 BC を 8 : 9 に内分する点を E とすると，　（※2）

点 P は線分 OE を 17 : 7 に内分する点である。答

（※1）

次のように考えてもよいでしょう。

直線 OP と直線 BC の交点を E とし，$\overrightarrow{\mathrm{OE}}=u\,\overrightarrow{\mathrm{OP}}$（$u$ は実数）とおくと

$$\overrightarrow{\mathrm{OE}}=\frac{3}{8}u\vec{b}+\frac{1}{3}u\vec{c}\quad\cdots\cdots⑤$$

また，BE : EC $=v:(1-v)$（v は実数）とすると

$$\overrightarrow{\mathrm{OE}}=(1-v)\,\vec{b}+v\,\vec{c}\quad\cdots\cdots⑥$$

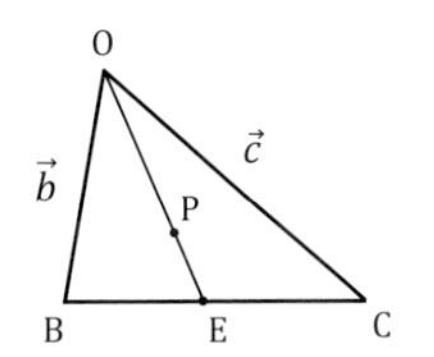

$\vec{b}$，$\vec{c}$ は $\vec{0}$ でなく，平行でないから，⑤，⑥ より

$\dfrac{3}{8}u=1-v$，　$\dfrac{1}{3}u=v$

この連立方程式を解くと　$u=\dfrac{24}{17}$，$v=\dfrac{8}{17}$

よって　$\overrightarrow{\mathrm{OE}}=\dfrac{24}{17}\overrightarrow{\mathrm{OP}}$，　BE : EC $=\dfrac{8}{17}:\dfrac{9}{17}=8:9$

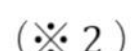

（※2）

$\overrightarrow{\mathrm{OE}}=\dfrac{9\vec{b}+8\vec{c}}{17}$　より　$\overrightarrow{\mathrm{OP}}=\dfrac{17}{24}\overrightarrow{\mathrm{OE}}$　と表せます。

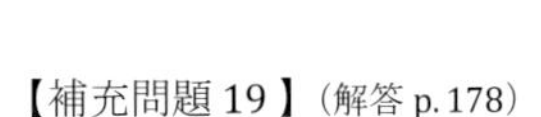

【補充問題 19】（解答 p. 178）

x は実数とする。$\sqrt{x^2+16}+\sqrt{(x-8)^2+4}$ の最小値を求めよ。

問題 3.26　分野：図形と式／ベクトル

xyz 空間において，yz 平面上の放物線

$$C=\left\{(x,\ y,\ z)\ \middle|\ z=y^2+2 \text{ かつ } x=0\right\}$$

を考え，C 上の動点を P とする。また，定点 (1，0，1) を A とする。直線 AP と xy 平面の交点が描く軌跡を求め，xy 平面上に図示せよ。

【考え方のポイント】

xy 平面上の点 $(X,\ Y,\ 0)$ が求める軌跡に属するための条件は，点 $(X,\ Y,\ 0)$ を通る直線 AP が存在しうることですが，これは，点 $(X,\ Y,\ 0)$ と点 A を通る直線が放物線 C と共有点をもつことだと言い換えられます。空間における直線は，ベクトルを用いて考えるのが基本です。

解答

xy 平面上の点 $(X,\ Y,\ 0)$ と点 A (1，0，1) を通る直線のベクトル方程式は，媒介変数を t とすると，

$$(x,\ y,\ z)=(1-t)(1,\ 0,\ 1)+t(X,\ Y,\ 0) \quad (※1)$$

$$=\left((X-1)t+1,\ Yt,\ 1-t\right) \quad \cdots\cdots ①$$

と成分表示できる。

点 $(X,\ Y,\ 0)$ が求める軌跡に属するための条件は，

直線 ① が放物線 C と共有点をもつこと，すなわち，

$$1-t=(Yt)^2+2 \quad \cdots\cdots ② \quad \text{かつ} \quad (X-1)t+1=0 \quad \cdots\cdots ③$$

を満たす実数 t が存在することである。

③ より　$(X-1)t=-1$

$X=1$ とするとこの式は成立しないから $X\neq1$ であり　$t=-\dfrac{1}{X-1}$ ……④

④ を ② に代入すると　$1+\dfrac{1}{X-1}=Y^2\left(-\dfrac{1}{X-1}\right)^2+2$

両辺に $(X-1)^2$ を掛けて変形すると　$\left(X-\dfrac{3}{2}\right)^2+Y^2=\dfrac{1}{4}$　かつ　$X\neq1$

これを満たす任意の点 $(X,\ Y,\ 0)$ に対して，

④ より実数 t は存在する。

したがって，求める軌跡は，xy 平面において，

条件 $\left(x-\dfrac{3}{2}\right)^2+y^2=\dfrac{1}{4}$ かつ $x\neq1$ で表される図形，

すなわち，点 $\left(\dfrac{3}{2},\ 0\right)$ を中心とする半径 $\dfrac{1}{2}$ の円から

点 (1，0) を除いたものであり，　(※2)

右図のようになる。答

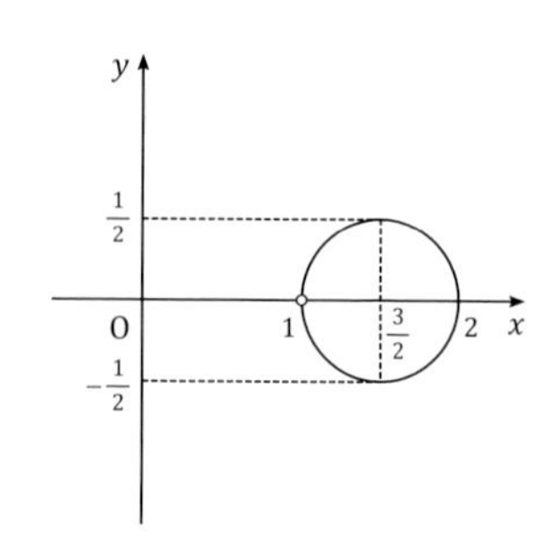

（※1）異なる2点を通る直線のベクトル方程式

異なる2点 A$(\vec{a})$，B$(\vec{b})$ を通る直線のベクトル方程式は，媒介変数を t とすると，

$$\begin{aligned}\vec{p} &= \vec{a} + t(\vec{b} - \vec{a}) \\ &= (1-t)\vec{a} + t\,\vec{b}\end{aligned}$$

と表せます。ここで，$1-t=s$ とおくと，

$$\vec{p} = s\,\vec{a} + t\,\vec{b} \quad （ただし\ s+t=1）$$

と表すこともできます。

（※2）
求める軌跡を W とし，W を放物線 C と同じように表現すれば，次のようになります。

$$W = \left\{ (x,\ y,\ z) \,\middle|\, \left(x - \frac{3}{2}\right)^2 + y^2 = \frac{1}{4}\ かつ\ z = 0\ かつ\ (x,\ y,\ z) \neq (1,\ 0,\ 0) \right\}$$

【補充問題20】（解答 p.179）

xyz 空間において，球面 $x^2 + (y-1)^2 + (z-2)^2 = 1$ 上の動点を P とする。また，定点 $(0,\ -1,\ 3)$ を A とする。直線 AP が xy 平面と交わるとき，その交点が存在しうる範囲を xy 平面上に図示せよ。

補充問題解答

ステージ1　　【補充問題　1 ～ 5 】
ステージ2　　【補充問題　6 ～10】
ステージ3　　【補充問題 11～20】

補充問題 1　◂問題 1.5

n は 2 以上の自然数とする。係数が整数の n 次方程式

$$a_0x^n+a_1x^{n-1}+\cdots\cdots+a_{n-1}x+a_n=0\quad（ただし\ a_0\neq 0\ かつ\ a_n\neq 0）$$

が有理数の解をもつならば，その解は

$$x=\frac{a_n\ の約数}{a_0\ の約数}$$

と表されることを示せ。

【考え方のポイント】

必要条件を考える際，方程式の最高次の項と定数項に着目します。

証明

与えられた方程式が有理数の解 $x=\dfrac{q}{p}$（p と q は互いに素な整数）をもつとする。

ただし，$p\neq 0$ であり，また，$a_n\neq 0$ より $q\neq 0$ である。（※1）

$x=\dfrac{q}{p}$ を方程式に代入すると　$a_0\left(\dfrac{q}{p}\right)^n+a_1\left(\dfrac{q}{p}\right)^{n-1}+\cdots\cdots+a_{n-1}\cdot\dfrac{q}{p}+a_n=0$

両辺に p^n を掛けて　$a_0q^n+a_1pq^{n-1}+\cdots\cdots+a_{n-1}p^{n-1}q+a_np^n=0$　…①（※2）

$p\neq 0$ より，①の両辺を p で割ると　$a_0\dfrac{q^n}{p}=-a_1q^{n-1}-\cdots\cdots-a_{n-1}p^{n-2}q-a_np^{n-1}$　…②

右辺は整数であるから，左辺も整数である。

ゆえに，p と q^n は互いに素であるから，p は a_0 の約数といえる。

$q\neq 0$ より，①の両辺を q で割ると　$a_0q^{n-1}+a_1pq^{n-2}+\cdots\cdots+a_{n-1}p^{n-1}=-a_n\dfrac{p^n}{q}$　…③

左辺は整数であるから，右辺も整数である。

ゆえに，q と p^n は互いに素であるから，q は a_n の約数といえる。

以上により，有理数の解 $x=\dfrac{q}{p}$ は $x=\dfrac{a_n\ の約数}{a_0\ の約数}$ と表される。終

（※1）

「問題 1.5」と同じように $p\geqq 1$ の条件を付けると，p は a_0 の正の約数という結果が得られますが，この設問ではその必要はありません。

（※2）

①から②，③に変形しましたが，それぞれ

$$a_0q^n=-p\,(a_1q^{n-1}+\cdots\cdots+a_{n-1}p^{n-2}q+a_np^{n-1})$$

$$q\,(a_0q^{n-1}+a_1pq^{n-2}+\cdots\cdots+a_{n-1}p^{n-1})=-a_np^n$$

と変形しても構いません。

補充問題 2 ◀問題 1.16

$\sin\theta+\cos\theta=\dfrac{\sqrt{6}}{2}$ のとき，$\tan\dfrac{\theta}{2}$ の値を求めよ。

【考え方のポイント】

方程式を $\tan\dfrac{\theta}{2}$ を用いて表します。$\tan\dfrac{\theta}{2}=t$ とおくと，t の方程式が得られます。

解答

$$\sin\theta=\sin\left(2\cdot\frac{\theta}{2}\right)=2\sin\frac{\theta}{2}\cos\frac{\theta}{2}=2\tan\frac{\theta}{2}\cos^2\frac{\theta}{2}=\frac{2\tan\frac{\theta}{2}}{1+\tan^2\frac{\theta}{2}} \quad (※1)$$

$$\cos\theta=\cos\left(2\cdot\frac{\theta}{2}\right)=2\cos^2\frac{\theta}{2}-1=\frac{2}{1+\tan^2\frac{\theta}{2}}-1=\frac{1-\tan^2\frac{\theta}{2}}{1+\tan^2\frac{\theta}{2}}$$

であるから，$\tan\dfrac{\theta}{2}=t$ とおいて，与えられた方程式を変形すると

$$\frac{2t}{1+t^2}+\frac{1-t^2}{1+t^2}=\frac{\sqrt{6}}{2}$$

分母を払って整理すると　$(\sqrt{6}+2)t^2-4t+\sqrt{6}-2=0$

これを解いて　$t=\dfrac{2\pm\sqrt{2}}{\sqrt{6}+2}=\dfrac{(2\pm\sqrt{2})(\sqrt{6}-2)}{2}=\sqrt{6}-2\pm(\sqrt{3}-\sqrt{2})$　（複号同順）

したがって　$\tan\dfrac{\theta}{2}=\sqrt{6}-2\pm(\sqrt{3}-\sqrt{2})$　答

（※1）

$1+\tan^2\dfrac{\theta}{2}=\dfrac{1}{\cos^2\frac{\theta}{2}}$ から $\cos^2\dfrac{\theta}{2}=\dfrac{1}{1+\tan^2\frac{\theta}{2}}$ が成立します。

参考

$\tan\dfrac{\theta}{2}=t$ とすると，$\sin\theta=\dfrac{2t}{1+t^2}$，$\cos\theta=\dfrac{1-t^2}{1+t^2}$ より，

$$\tan\theta=\frac{\sin\theta}{\cos\theta}=\frac{2t}{1-t^2}$$

が得られます。これらは数学Ⅲの積分でも利用することがあります。

補充問題 3 ◂問題 1.20

方程式 $x^5+5x^4-2x^3-2x^2+5x+1=0$ を解け。

【考え方のポイント】

x の 5 次相反方程式 $ax^5+bx^4+cx^3+cx^2+bx+a=0$ $(a \neq 0)$ は，左辺が $x+1$ を因数にもちます。因数分解すると次のようになり，4 次相反方程式が得られます。

$$(x+1)\{ax^4+(b-a)x^3+(c-b+a)x^2+(b-a)x+a\}=0$$

解答

$P(x)=x^5+5x^4-2x^3-2x^2+5x+1$ とおくと，

$P(-1)=0$ であるから，$P(x)$ は $x+1$ を因数にもつ。

よって，$P(x)$ を $x+1$ で割って $P(x)=(x+1)(x^4+4x^3-6x^2+4x+1)$ を得る。

$P(x)=0$ とすると，$x=-1$ ……① または $x^4+4x^3-6x^2+4x+1=0$ ……②

ここで，方程式②について考える。

$x=0$ とすると②は成立しないから $x \neq 0$ であり，

両辺を x^2 で割ると $x^2+4x-6+\dfrac{4}{x}+\dfrac{1}{x^2}=0$

項を並べ替えて $\left(x^2+\dfrac{1}{x^2}\right)+4\left(x+\dfrac{1}{x}\right)-6=0$

したがって $\left(x+\dfrac{1}{x}\right)^2+4\left(x+\dfrac{1}{x}\right)-8=0$

$x+\dfrac{1}{x}=X$ とおくと $X^2+4X-8=0$

これを解いて $X=-2\pm2\sqrt{3}$

$X=-2+2\sqrt{3}$ のとき，$x+\dfrac{1}{x}=-2+2\sqrt{3}$ を変形して

$x^2+\left(2-2\sqrt{3}\right)x+1=0$

したがって $x=-1+\sqrt{3}\pm\sqrt{3-2\sqrt{3}}=-1+\sqrt{3}\pm\sqrt{2\sqrt{3}-3}\,i$ ……③

$X=-2-2\sqrt{3}$ のとき，$x+\dfrac{1}{x}=-2-2\sqrt{3}$ を変形して

$x^2+\left(2+2\sqrt{3}\right)x+1=0$

したがって $x=-1-\sqrt{3}\pm\sqrt{2\sqrt{3}+3}$ ……④

①，③，④より，与えられた方程式の解は

$x=-1,\ -1-\sqrt{3}\pm\sqrt{2\sqrt{3}+3},\ -1+\sqrt{3}\pm\sqrt{2\sqrt{3}-3}\,i$ 答

補充問題 4 ◂問題 1.21

$\lim_{x\to1}\dfrac{x^3+ax^2-3bx+b}{x-1}=\dfrac{5}{4}$ であるとき，定数 a，b の値を求めよ。

【考え方のポイント】

「$\lim_{x\to\alpha}\dfrac{f(x)}{g(x)}=k$（定数）かつ $\lim_{x\to\alpha}g(x)=0$ ならば $\lim_{x\to\alpha}f(x)=0$」が成立します。

$\lim_{x\to\alpha}f(x)=\lim_{x\to\alpha}\left\{\dfrac{f(x)}{g(x)}\cdot g(x)\right\}=\lim_{x\to\alpha}\dfrac{f(x)}{g(x)}\cdot\lim_{x\to\alpha}g(x)=k\cdot0=0$ と導けるからです。

$\dfrac{0}{0}$ という不定形の極限，及びその解消がテーマです。

解答

$\lim_{x\to1}(x-1)=0$ であるから，$\lim_{x\to1}\dfrac{x^3+ax^2-3bx+b}{x-1}=\dfrac{5}{4}$ となるためには，

$\lim_{x\to1}(x^3+ax^2-3bx+b)=0$ が必要である。

この極限値を計算して　$a-2b+1=0$

すなわち　$a=2b-1$　……①

よって　$x^3+ax^2-3bx+b=x^3+(2b-1)x^2-3bx+b$

$\qquad=(x-1)(x^2+2bx-b)$　（※1）

ゆえに

$$\lim_{x\to1}\frac{x^3+ax^2-3bx+b}{x-1}=\lim_{x\to1}\frac{(x-1)(x^2+2bx-b)}{x-1}=\lim_{x\to1}(x^2+2bx-b)=b+1$$

したがって，$b+1=\dfrac{5}{4}$ から　$b=\dfrac{1}{4}$

これを①に代入して　$a=-\dfrac{1}{2}$

以上により，求める a，b の値は　$a=-\dfrac{1}{2}$，$b=\dfrac{1}{4}$　答

（※1）

$P(x)=x^3+(2b-1)x^2-3bx+b$ とおくと，$P(1)=0$ から，$P(x)$ は $x-1$ を因数にもつことがわかります。したがって，$P(x)$ を $x-1$ で割って $P(x)=(x-1)(x^2+2bx-b)$ が得られます。あるいは，次のように，次数の低い文字 b について降べきの順に整理し，因数分解してもよいでしょう。

$$\begin{aligned}x^3+(2b-1)x^2-3bx+b&=(2x^2-3x+1)b+x^3-x^2\\&=(x-1)(2x-1)b+x^2(x-1)\\&=(x-1)\{(2x-1)b+x^2\}\\&=(x-1)(x^2+2bx-b)\end{aligned}$$

補充問題 5　◂問題 1.29

次の条件によって定められる数列 $\{a_n\}$ の一般項を求めよ。

$$a_1=\sqrt{3},\quad a_{n+1}=\frac{1}{3}{a_n}^2\quad (n=1,\ 2,\ 3,\ \cdots\cdots)$$

【考え方のポイント】

漸化式の累乗の箇所を扱いやすくするために，両辺の対数をとるのが有力な方法の一つです。

解答

$a_1\neq 0$ であるから，帰納的に $a_n\neq 0$（$n=1,\ 2,\ 3,\ \cdots\cdots$）が成立する。

ゆえに，$a_{n+1}=\dfrac{1}{3}{a_n}^2>0$ であるから，

漸化式の両辺に対して 3 を底とする対数をとると

$$\log_3 a_{n+1}=\log_3 {a_n}^2+\log_3\frac{1}{3}=2\log_3 a_n-1$$

$\log_3 a_n=b_n$ とおくと　$b_{n+1}=2b_n-1$

これを変形して　$b_{n+1}-1=2(b_n-1)$

$b_1=\log_3 a_1=\log_3\sqrt{3}=\dfrac{1}{2}$ であるから，

数列 $\{b_n-1\}$ は初項 $-\dfrac{1}{2}$，公比 2 の等比数列である。

よって　$b_n-1=-\dfrac{1}{2}\cdot 2^{n-1}=-2^{n-2}$

ゆえに　$b_n=1-2^{n-2}$

したがって　$a_n=3^{1-2^{n-2}}$　答

別解

$a_1>0$ であるから，帰納的に $a_n>0$（$n=1,\ 2,\ 3,\ \cdots\cdots$）が成立する。

したがって，$a_n=\dfrac{1}{3^{b_n}}$ とおくと，与えられた漸化式は，

$\dfrac{1}{3^{b_{n+1}}}=\dfrac{1}{3}\cdot\dfrac{1}{3^{2b_n}}$ すなわち $b_{n+1}=2b_n+1$ と変形できる。

これを変形して　$b_{n+1}+1=2(b_n+1)$

$b_1=\log_3\dfrac{1}{a_1}=\log_3\dfrac{1}{\sqrt{3}}=-\dfrac{1}{2}$ であるから，

数列 $\{b_n+1\}$ は初項 $\dfrac{1}{2}$，公比 2 の等比数列である。

よって　$b_n+1=\dfrac{1}{2}\cdot 2^{n-1}=2^{n-2}$

ゆえに　$b_n=2^{n-2}-1$

したがって　$a_n=\dfrac{1}{3^{2^{n-2}-1}}=3^{1-2^{n-2}}$　答

補充問題 6

◂問題 2.2

6^{40} は何桁の数であるか。また，その最高位の数を求めよ。

ただし，$\log_{10} 2 = 0.3010$，$\log_{10} 3 = 0.4771$ とする。

【考え方のポイント】

桁数は $\log_{10} 6^{40}$ の整数部分，最高位の数は $\log_{10} 6^{40}$ の小数部分に着目して求めます。

解答

$$\log_{10} 6^{40} = 40 \log_{10} 6 = 40 (\log_{10} 2 + \log_{10} 3) = 40 (0.3010 + 0.4771) = 31.124$$

よって　$31 < \log_{10} 6^{40} < 32$

ゆえに　$10^{31} < 6^{40} < 10^{32}$

したがって，6^{40} は 32 桁の数である。答

$\log_{10} 6^{40}$ の小数部分 0.124 を a とおくと，$6^{40} = 10^a \cdot 10^{31}$ であるから，

6^{40} の最高位の数は 10^a の整数部分に一致する。

$\log_{10} 10^a = a = 0.124 < 0.3010$ であるから　$\log_{10} 1 < \log_{10} 10^a < \log_{10} 2$

ゆえに　$1 < 10^a < 2$

したがって，10^a の整数部分は 1 であるから，

求める最高位の数は 1　答

別解（後半のみ）

6^{41} が何桁の数であるかを考える。　（※１）

$$\log_{10} 6^{41} = \log_{10} 6^{40} + \log_{10} 6 = 31.124 + (0.3010 + 0.4771) = 31.9021$$

よって　$31 < \log_{10} 6^{41} < 32$

ゆえに　$10^{31} < 6^{41} < 10^{32}$

したがって，6^{41} も，6^{40} と同じ 32 桁の数である。

6^{40} の最高位の数が 2 以上であれば，6^{40} に 6 を掛けたとき，桁数は 1 つ増えるはずであるから，6^{40} の最高位の数は 1 である。答

（※１）

この解法が有効なのは，6^{41} の桁数が 6^{40} の桁数と同じになるからです。

桁数が同じにならない場合は，最高位の数を限定できません。

補充問題 7 ◀問題 2.6

上の問いにおいて，緑玉は何回取り出される確率が最も大きいか。（青玉 3 個，緑玉 4 個，赤玉 5 個が入っている袋から玉を 1 個取り出してもとに戻すことを 14 回続けて行う）

【考え方のポイント】

「問題 2.6」と同じ解法です。求める回数を $14\times\frac{4}{12}=\frac{14}{3}$（回）と考えるのは誤りで，これは，緑玉が取り出される回数の期待値（数学 B「確率分布と統計的な推測」）になります。

解答

14 回の試行により緑玉が n 回取り出される確率を q_n（n は 0 以上 14 以下の整数）とおく。

1 回の試行で緑玉が取り出される確率は　$\frac{4}{12}=\frac{1}{3}$

1 回の試行で緑玉以外の玉が取り出される確率は　$1-\frac{1}{3}=\frac{2}{3}$

したがって　$q_n={}_{14}\mathrm{C}_n\left(\frac{1}{3}\right)^n\left(\frac{2}{3}\right)^{14-n}=\frac{14!}{n!\,(14-n)!}\cdot\frac{2^{14-n}}{3^{14}}$

ゆえに，0 以上 13 以下の整数 n に対して

$$\frac{q_{n+1}}{q_n}=\frac{14!}{(n+1)!\,(13-n)!}\cdot\frac{2^{13-n}}{3^{14}}\cdot\frac{n!\,(14-n)!}{14!}\cdot\frac{3^{14}}{2^{14-n}}=\frac{14-n}{2(n+1)}$$

$\frac{q_{n+1}}{q_n}>1$ とすると $\frac{14-n}{2(n+1)}>1$ であり，これを解くと　$n<4$

よって，$n=0$，1，2，3 のとき $\frac{q_{n+1}}{q_n}>1$ すなわち $q_n<q_{n+1}$

したがって　$q_0<q_1<q_2<q_3<q_4$　……①

$\frac{q_{n+1}}{q_n}=1$ とすると $\frac{14-n}{2(n+1)}=1$ であり，これを解くと　$n=4$

よって，$n=4$ のとき $\frac{q_{n+1}}{q_n}=1$ すなわち $q_n=q_{n+1}$

したがって　$q_4=q_5$　……②

$\frac{q_{n+1}}{q_n}<1$ とすると $\frac{14-n}{2(n+1)}<1$ であり，これを解くと　$n>4$

よって，$5\leqq n\leqq 13$ のとき $\frac{q_{n+1}}{q_n}<1$ すなわち $q_n>q_{n+1}$

したがって　$p_5>p_6>p_7>\cdots\cdots>p_{14}$　……③

①，②，③より，q_n の最大値は q_4，q_5 である。

すなわち，緑玉は 4 回または 5 回取り出される確率が最も大きい。答

補充問題 8

◀問題 2.8

n は自然数とする。7^n を 6 で割ったときの余りが 1 であることを二項定理により示せ。

【考え方のポイント】

$7^n=(1+6)^n$ と変形すると二項定理が使えます。数学的帰納法により証明することもできます（参考）が，「問題 2.8」の「解答」に記したように，合同式を用いるのが最も簡便です。

証明

$$
\begin{aligned}
7^n &= (1+6)^n \\
&= {}_n\mathrm{C}_0\cdot 1^n + {}_n\mathrm{C}_1\cdot 1^{n-1}\cdot 6 + {}_n\mathrm{C}_2\cdot 1^{n-2}\cdot 6^2 + \cdots\cdots + {}_n\mathrm{C}_n\cdot 6^n \\
&= {}_n\mathrm{C}_0 + {}_n\mathrm{C}_1\cdot 6 + {}_n\mathrm{C}_2\cdot 6^2 + \cdots\cdots + {}_n\mathrm{C}_n\cdot 6^n \\
&= 1 + 6\left({}_n\mathrm{C}_1 + {}_n\mathrm{C}_2\cdot 6 + \cdots\cdots + {}_n\mathrm{C}_n\cdot 6^{n-1}\right)
\end{aligned}
$$

${}_n\mathrm{C}_1 + {}_n\mathrm{C}_2\cdot 6 + \cdots\cdots + {}_n\mathrm{C}_n\cdot 6^{n-1}$ は整数であるから，

7^n を 6 で割ったときの余りは 1 であることが示された。終

参考（数学的帰納法）

すべての自然数 n について次の命題が成立することを証明する。

「7^n を 6 で割ったときの余りは 1 である」 ……(A)

[1] $n=1$ のとき

7 を 6 で割ったときの余りは 1 であるから，(A) は成立する。

[2] $n=k$（k は自然数）のとき (A) が成立すると仮定すると，

7^k を 6 で割ったときの余りは 1 である。そこで，$7^k=6m+1$（m は整数）とおく。

$n=k+1$ のときを考えると

$$7^{k+1}=7\cdot 7^k=7(6m+1)=7\cdot 6m+7=6(7m+1)+1$$

$7m+1$ は整数であるから，7^{k+1} を 6 で割ったときの余りは 1 である。

よって，$n=k+1$ のときにも (A) は成立する。

[1]，[2] より，すべての自然数 n について (A) は成立する。終

補充問題 9

◂問題 2.11

次の和を求めよ。

(1) $\displaystyle\sum_{k=1}^{n} k(k+1)$　　(2) $\displaystyle\sum_{k=1}^{n} k(k+1)(k+2)$

【考え方のポイント】

数列の和の公式を用いて計算しても構いませんが，このタイプの問題では計算の工夫ができることを知っておくとよいでしょう。

$\displaystyle\sum_{k} k(k+1)\cdots\cdots(k+m)$ という形の式（m は自然数）に対して，これを

$$\sum_{k} \frac{1}{m+2}\{k(k+1)\cdots\cdots(k+m)(k+m+1)-(k-1)k(k+1)\cdots\cdots(k+m)\}$$

と階差の形に変えれば，k の値を代入したときに和が簡単に求まります。

(1) **解答**

$$\begin{aligned}\sum_{k=1}^{n} k(k+1) &= \sum_{k=1}^{n} \frac{1}{3}\{k(k+1)(k+2)-(k-1)k(k+1)\}\\ &= \frac{1}{3}\{1\cdot2\cdot3-0\cdot1\cdot2\\ &\qquad +2\cdot3\cdot4-1\cdot2\cdot3\\ &\qquad +3\cdot4\cdot5-2\cdot3\cdot4\\ &\qquad +\cdots\cdots\\ &\qquad +n(n+1)(n+2)-(n-1)n(n+1)\}\\ &= \frac{1}{3}n(n+1)(n+2)\end{aligned}$$

答

(2) **解答**

$$\begin{aligned}\sum_{k=1}^{n} k(k+1)(k+2) &= \sum_{k=1}^{n} \frac{1}{4}\{k(k+1)(k+2)(k+3)-(k-1)k(k+1)(k+2)\}\\ &= \frac{1}{4}\{1\cdot2\cdot3\cdot4-0\cdot1\cdot2\cdot3\\ &\qquad +2\cdot3\cdot4\cdot5-1\cdot2\cdot3\cdot4\\ &\qquad +3\cdot4\cdot5\cdot6-2\cdot3\cdot4\cdot5\\ &\qquad +\cdots\cdots\\ &\qquad +n(n+1)(n+2)(n+3)-(n-1)n(n+1)(n+2)\}\\ &= \frac{1}{4}n(n+1)(n+2)(n+3)\end{aligned}$$

答

補充問題 10 ◂問題 2.14

$0 \leqq \theta < 2\pi$ のとき，$\dfrac{\sin\theta + 2}{\cos\theta + 2}$ のとりうる値の範囲を求めよ。

【考え方のポイント】

「解答」では θ の存在条件，「別解」では x，y の存在条件から求める範囲を考えています。

解答

実数 k が $\dfrac{\sin\theta + 2}{\cos\theta + 2}$ のとりうる値の範囲に属するための条件は，$k = \dfrac{\sin\theta + 2}{\cos\theta + 2}$ すなわち

$\sin\theta - k\cos\theta = 2k - 2$ ……① を満たす θ $(0 \leqq \theta < 2\pi)$ が存在することである。

① を変形すると，$\sqrt{1+k^2}\sin(\theta + \alpha) = 2k - 2$ より　$\sin(\theta + \alpha) = \dfrac{2k-2}{\sqrt{1+k^2}}$

ただし　$\sin\alpha = \dfrac{-k}{\sqrt{1+k^2}}$，$\cos\alpha = \dfrac{1}{\sqrt{1+k^2}}$

$0 \leqq \theta < 2\pi$ より $\alpha \leqq \theta + \alpha < 2\pi + \alpha$ であるから，条件は

$$-1 \leqq \frac{2k-2}{\sqrt{1+k^2}} \leqq 1 \quad \text{すなわち} \quad \frac{|2k-2|}{\sqrt{1+k^2}} \leqq 1$$

両辺は 0 以上であり，両辺を 2 乗しても同値性は崩れないから，これを変形すると

$$(2k-2)^2 \leqq 1 + k^2 \quad \text{より} \quad 3k^2 - 8k + 3 \leqq 0$$

これを解いて　$\dfrac{4-\sqrt{7}}{3} \leqq k \leqq \dfrac{4+\sqrt{7}}{3}$

したがって，求める範囲は　$\dfrac{4-\sqrt{7}}{3} \leqq \dfrac{\sin\theta + 2}{\cos\theta + 2} \leqq \dfrac{4+\sqrt{7}}{3}$　答

別解

θ が $0 \leqq \theta < 2\pi$ を満たして変化するとき，$\cos\theta + 2 = x$ かつ $\sin\theta + 2 = y$ で定まる点 $(x,\ y)$ の軌跡は，円 $(x-2)^2 + (y-2)^2 = 1$ ……② である。

点 $(x,\ y)$ が円 ② 上を動くときの $\dfrac{y}{x}$ のとりうる値の範囲を求めればよい。

実数 k が $\dfrac{y}{x}$ のとりうる値の範囲に属するための条件は，$k = \dfrac{y}{x}$ かつ ② を満たす実数 x，y が存在すること，すなわち，xy 平面において直線 $y = kx$ と円 ② が共有点をもつことである。

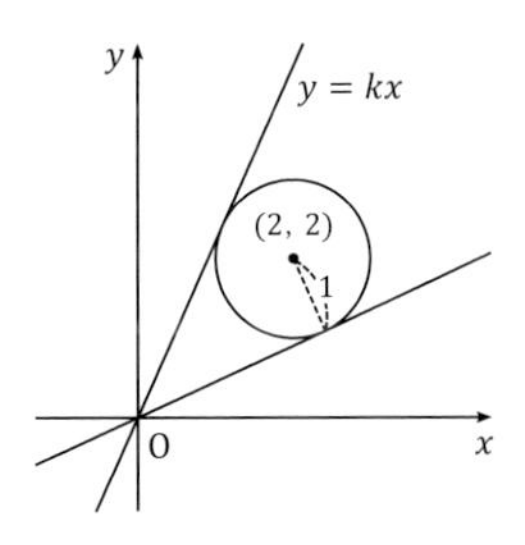

円の中心 $(2,\ 2)$ と直線 $kx - y = 0$ の距離が，円の半径 1 以下になればよいから，条件は　$\dfrac{|2k-2|}{\sqrt{k^2+1}} \leqq 1$

ゆえに，$(2k-2)^2 \leqq k^2 + 1$ より　$3k^2 - 8k + 3 \leqq 0$

これを解いて　$\dfrac{4-\sqrt{7}}{3} \leqq k \leqq \dfrac{4+\sqrt{7}}{3}$

よって，求める範囲は　$\dfrac{4-\sqrt{7}}{3} \leqq \dfrac{\sin\theta + 2}{\cos\theta + 2} \leqq \dfrac{4+\sqrt{7}}{3}$　答

補充問題 11 ◀問題 3.3

自然数 a, b, c が $a^2+b^2=c^2$ を満たすとき，a, b, c のうち少なくとも1つは5の倍数であることを証明せよ。

【考え方のポイント】

背理法で証明します。合同式（p. 33 ※2参照）を用いると記述量が少なくて済みます。

証明

自然数 a, b, c が $a^2+b^2=c^2$ ……① を満たすとき，a, b, c はいずれも5の倍数でないと仮定する。以下，合同式において法はすべて5として考える。

a について，$a\equiv 1$, 2, 3, 4 の4通りに場合分けできる。（※1）

$a\equiv 1$ のとき $a^2\equiv 1$

$a\equiv 2$ のとき $a^2\equiv 4$

$a\equiv 3$ のとき $a^2\equiv 9\equiv 4$

$a\equiv 4$ のとき $a^2\equiv 16\equiv 1$

よって　$a^2\equiv 1$, 4

同様に，$b^2\equiv 1$, 4 と $c^2\equiv 1$, 4 を得る。

ゆえに，① の左辺について

$a^2\equiv 1$, $b^2\equiv 1$ のとき $a^2+b^2\equiv 2$

$a^2\equiv 1$, $b^2\equiv 4$ のとき $a^2+b^2\equiv 5\equiv 0$

$a^2\equiv 4$, $b^2\equiv 1$ のとき $a^2+b^2\equiv 5\equiv 0$

$a^2\equiv 4$, $b^2\equiv 4$ のとき $a^2+b^2\equiv 8\equiv 3$

よって　(① の左辺) $\equiv 0$, 2, 3

これは，(① の右辺) $\equiv 1$, 4 であることに矛盾する。

したがって，自然数 a, b, c が ① を満たすとき，a, b, c のうち少なくとも1つは5の倍数である。終

（※1）

$a\equiv 3$ を $a\equiv -2$ と表し，$a\equiv 4$ を $a\equiv -1$ と表せば，$a\equiv \pm 1$, ± 2 と場合分けすることもできます。$a\equiv \pm 1$ のとき $a^2\equiv 1$ で，$a\equiv \pm 2$ のとき $a^2\equiv 4$ です。

参考

$a^2+b^2=c^2$ を満たす自然数 a, b, c について，上の問いで証明した性質のほかに，次のような性質も成立します。

[1] a, b の少なくとも一方は3の倍数である。

[2] a, b の少なくとも一方は4の倍数である。

補充問題 12 ◂問題 3.6

次の問いに答えよ。

(1) 立方体の6つの面を，異なる6色をすべて用いて塗る方法は何通りあるか。

(2) 立方体の6つの面を，異なる4色をすべて用いて塗る方法は何通りあるか。

ただし，1つの面は1つの色で塗るものとし，立方体を回転させて一致する塗り方は同じとみなす。

【考え方のポイント】

(2) では，「1通りの塗り方に対して，回転により4通りの配置がある」とは限りません。

(1) **解答**

6色のうちのある1色について，その色で塗る面を F と呼ぶことにし，面 F の位置を上面に固定する。残りの5色で他の5面を塗る方法の総数を求めればよい。
ただし，面 F に垂直で，面 F （正方形）の対称の中心を通る直線を l とすると，面 F の位置が変わらないよう，立方体は，l を軸にして $90°$ の整数倍だけ回転できる。
1通りの塗り方に対して，回転により4通りの配置があるから，

求める総数は $\dfrac{5!}{4} = 30$（通り） 答

(2) **解答**

[1] 2色を2回ずつ，2色を1回ずつ用いるとき
2回ずつ用いる2色の選び方は ${}_4C_2$ 通りある。
ここで，1回ずつ用いる2色のどちらか1色について，その色で塗る面の位置を上面に固定する。立方体は (1) と同様の回転を考え，回転させて一致する塗り方は同じとみなす。

i）1回用いる残りの1色で底面を塗るとき
底面の塗り方は1通り，側面の塗り方は2通りあるから，塗り方は $1 \times 2 = 2$（通り）

ii）2回ずつ用いる2色のどちらかで底面を塗るとき
底面の塗り方は2通り，側面の塗り方は3通りあるから，塗り方は $2 \times 3 = 6$（通り）

i）ii）より，塗り方の総数は ${}_4C_2 \times (2+6) = 48$（通り）

[2] 1色を3回，3色を1回ずつ用いるとき
3回用いる1色の選び方は ${}_4C_1$ 通りある。
ここで，1回ずつ用いる3色のうちのある1色について，その色で塗る面の位置を上面に固定する。立方体は (1) と同様の回転を考え，回転させて一致する塗り方は同じとみなす。

i）1回ずつ用いる残りの2色のどちらかで底面を塗るとき
底面の塗り方は2通り，側面の塗り方は1通りあるから，塗り方は $2 \times 1 = 2$（通り）

ii）3回用いる1色で底面を塗るとき
底面の塗り方は1通り，側面の塗り方は3通りあるから，塗り方は $1 \times 3 = 3$（通り）

i）ii）より，塗り方の総数は ${}_4C_1 \times (2+3) = 20$（通り）

[1]，[2] より，求める総数は $48 + 20 = 68$（通り） 答

補充問題 13　◀問題 3.7

次の条件によって定められる数列 $\{a_n\}$ の一般項を求めよ。

(1)　$a_1=a_2=2$，$a_{n+2}=a_{n+1}+a_n$　$(n=1, 2, 3, \cdots\cdots)$

(2)　$a_1=a_2=0$，$a_3=1$，$a_{n+3}=4a_{n+2}-a_{n+1}-6a_n$　$(n=1, 2, 3, \cdots\cdots)$

【考え方のポイント】

(2) は，(1) の解法（p.74 ※1 参照）の延長で理解できます。$a_{n+3}+pa_{n+2}+qa_{n+1}+ra_n=0$ という形の隣接 4 項間漸化式は，$t^3+pt^2+qt+r=0$ の 3 解を α，β，γ として変形すると $a_{n+3}-(\alpha+\beta+\gamma)a_{n+2}+(\alpha\beta+\beta\gamma+\gamma\alpha)a_{n+1}-\alpha\beta\gamma a_n=0$ となって，この移項を考えます。

(1) **解答**

$t^2-t-1=0$ を解くと $t=\dfrac{1\pm\sqrt{5}}{2}$ であるから，与えられた漸化式を 2 通りに変形すると

$$a_{n+2}-\frac{1+\sqrt{5}}{2}a_{n+1}=\frac{1-\sqrt{5}}{2}\left(a_{n+1}-\frac{1+\sqrt{5}}{2}a_n\right)$$

$$a_{n+2}-\frac{1-\sqrt{5}}{2}a_{n+1}=\frac{1+\sqrt{5}}{2}\left(a_{n+1}-\frac{1-\sqrt{5}}{2}a_n\right)$$

数列 $\left\{a_{n+1}-\dfrac{1+\sqrt{5}}{2}a_n\right\}$ は，初項 $1-\sqrt{5}$，公比 $\dfrac{1-\sqrt{5}}{2}$ の等比数列であり，

数列 $\left\{a_{n+1}-\dfrac{1-\sqrt{5}}{2}a_n\right\}$ は，初項 $1+\sqrt{5}$，公比 $\dfrac{1+\sqrt{5}}{2}$ の等比数列であるから

$$a_{n+1}-\frac{1+\sqrt{5}}{2}a_n=(1-\sqrt{5})\left(\frac{1-\sqrt{5}}{2}\right)^{n-1},\quad a_{n+1}-\frac{1-\sqrt{5}}{2}a_n=(1+\sqrt{5})\left(\frac{1+\sqrt{5}}{2}\right)^{n-1}$$

辺々を引いて変形すると　$a_n=\dfrac{2\sqrt{5}}{5}\left\{\left(\dfrac{1+\sqrt{5}}{2}\right)^n-\left(\dfrac{1-\sqrt{5}}{2}\right)^n\right\}$　答

(2) **解答**

$t^3-4t^2+t+6=0$ の左辺を因数分解すると $(t+1)(t-2)(t-3)=0$ であるから，
これを解くと　$t=-1, 2, 3$
したがって，与えられた漸化式を 3 通りに変形すると

$$a_{n+3}-5a_{n+2}+6a_{n+1}=-(a_{n+2}-5a_{n+1}+6a_n)$$
$$a_{n+3}-2a_{n+2}-3a_{n+1}=2(a_{n+2}-2a_{n+1}-3a_n)$$
$$a_{n+3}-a_{n+2}-2a_{n+1}=3(a_{n+2}-a_{n+1}-2a_n)$$

数列 $\{a_{n+2}-5a_{n+1}+6a_n\}$ は，初項 1，公比 -1 の等比数列で　$a_{n+2}-5a_{n+1}+6a_n=(-1)^{n-1}$
数列 $\{a_{n+2}-2a_{n+1}-3a_n\}$ は，初項 1，公比 2 の等比数列で　$a_{n+2}-2a_{n+1}-3a_n=2^{n-1}$
数列 $\{a_{n+2}-a_{n+1}-2a_n\}$ は，初項 1，公比 3 の等比数列で　$a_{n+2}-a_{n+1}-2a_n=3^{n-1}$
これらの漸化式を連立して a_{n+2}，a_{n+1} を消去すると

$$a_n=\frac{1}{12}(-1)^{n-1}-\frac{1}{3}\cdot 2^{n-1}+\frac{1}{4}\cdot 3^{n-1}$$　答

補充問題 14 ◂問題 3.10

次の問いに答えよ。

(1) $a > 0$, $b > 0$, $c > 0$, $d > 0$ のとき，不等式

$$\frac{a+b+c+d}{4} \geqq \sqrt[4]{abcd}$$

を証明せよ。また，等号が成立するのはどのようなときか求めよ。

(2) この (1) を利用して，「問題 3.10」(2) に答えよ。

【考え方のポイント】

(2) では，(1) の不等式の左辺を $\dfrac{a+b+c}{3}$ に変形するため $\dfrac{a+b+c+d}{4} = \dfrac{a+b+c}{3}$ を d について解いて $d = \dfrac{a+b+c}{3}$ が得られます。なお，$d = \sqrt[3]{abc}$ とする別解もあります。

(1) **証明**

2 個の正の数に対する相加平均と相乗平均の関係により，

$a > 0$, $b > 0$, $c > 0$, $d > 0$ であるから

$$\frac{a+b}{2} \geqq \sqrt{ab} \quad \cdots\cdots ①, \qquad \frac{c+d}{2} \geqq \sqrt{cd} \quad \cdots\cdots ②$$

また，$\dfrac{a+b}{2} > 0$, $\dfrac{c+d}{2} > 0$ であるから

$$\frac{\dfrac{a+b}{2} + \dfrac{c+d}{2}}{2} \geqq \sqrt{\frac{a+b}{2} \cdot \frac{c+d}{2}} \quad \cdots\cdots ③$$

①，②，③ より $\quad \dfrac{a+b+c+d}{4} \geqq \sqrt{\sqrt{ab} \cdot \sqrt{cd}} = \sqrt[4]{abcd}$

等号が成立するのは，①，②，③ においていずれも等号が成立する場合であり，

$a = b$ かつ $c = d$ かつ $\dfrac{a+b}{2} = \dfrac{c+d}{2}$ のとき，すなわち $a = b = c = d$ のときである。終

(2) **証明**

(1) の不等式において $d = \dfrac{a+b+c}{3}$ とすると，

$\dfrac{a+b+c+\dfrac{a+b+c}{3}}{4} \geqq \sqrt[4]{abc \cdot \dfrac{a+b+c}{3}}$ すなわち $\dfrac{a+b+c}{3} \geqq \sqrt[4]{abc} \cdot \sqrt[4]{\dfrac{a+b+c}{3}}$

$\sqrt[4]{\dfrac{a+b+c}{3}} > 0$ であるから，両辺をこれで割ると $\sqrt[4]{\left(\dfrac{a+b+c}{3}\right)^3} \geqq \sqrt[4]{abc}$

両辺は正であり，両辺を $\dfrac{4}{3}$ 乗しても同値性は崩れないから，$\dfrac{a+b+c}{3} \geqq \sqrt[3]{abc}$ を得る。

等号が成立するのは，$a = b = c = \dfrac{a+b+c}{3}$ すなわち $a = b = c$ のときである。終

補充問題 15 ◂問題 3.12

実数 X, Y, Z が 2 つの関係式

$$X + Y + Z = 3, \quad XYZ = 5$$

を満たして変化するとき，$XY + YZ + ZX$ のとりうる値の範囲を求めよ。

【考え方のポイント】

X, Y, Z の対称性を利用します。ちなみに，下図において曲線 ② と直線 ③ の共有点の t 座標の範囲を求めると $t < 0$, $5 \leqq t$ が得られて，これからも「問題 3.12」の答えを導けます。

解答

実数 k が $XY + YZ + ZX$ のとりうる値の範囲に属するための条件は，

「$X + Y + Z = 3$ かつ $XY + YZ + ZX = k$ かつ $XYZ = 5$」 ……(＊)

を満たす実数 X, Y, Z が存在することである。

(＊)を満たす 3 つの数 X, Y, Z を解とする t の 3 次方程式の 1 つは　$t^3 - 3t^2 + kt - 5 = 0$

これを変形すると　$-t^3 + 3t^2 + 5 = kt$ ……①

したがって，方程式 ① が 3 個の実数解をもつような k の値の範囲を求めればよい。

ただし，2 重解は 2 個の実数解，3 重解は 3 個の実数解とみなす。

方程式 ① の実数解は，ty 平面における曲線 $y = -t^3 + 3t^2 + 5$ …② と直線 $y = kt$ …③ の共有点の t 座標に等しい。

曲線 ② について

$$y' = -3t^2 + 6t = -3t(t - 2)$$

$y' = 0$ とすると　$t = 0, \ 2$

よって，次の増減表と右図を得る。

t	……	0	……	2	……
y'	−	0	＋	0	−
y	↘	5	↗	9	↘

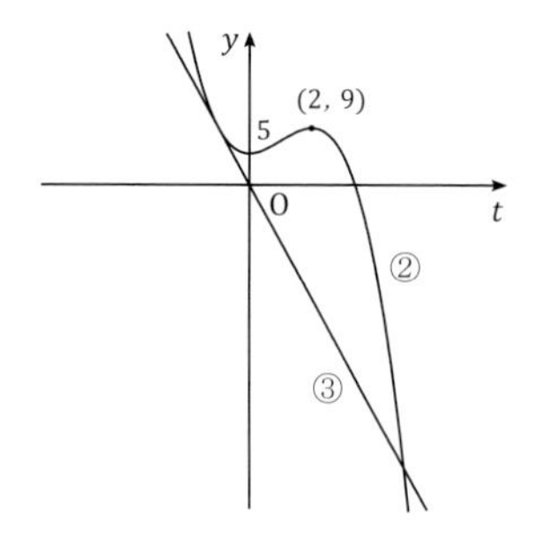

右図のように，直線 ③が曲線 ② に接するときを考える。接点の t 座標を a とおくと，

直線の方程式は　$y - (-a^3 + 3a^2 + 5) = (-3a^2 + 6a)(t - a)$

この直線が (0, 0) を通るから　$-(-a^3 + 3a^2 + 5) = (-3a^2 + 6a)(-a)$

整理して因数分解すると　$(a + 1)(2a^2 - 5a + 5) = 0$

a は実数であるから，これを解くと　$a = -1$

ゆえに，直線の傾きについて　$k = -3a^2 + 6a = -9$

したがって，図から，方程式 ① が 3 個の実数解をもつような k の値の範囲は　$k \leqq -9$

すなわち，求める値の範囲は　$XY + YZ + ZX \leqq -9$ 答

補充問題 16　◂問題 3.14

xy 平面において，点 $(2,\ 1)$ を通り，傾きが a_1 である直線を l_1，また，点 $(0,\ 3)$ を通り，傾きが a_2 である直線を l_2 とする。実数 a_1，a_2 が条件 $a_1 - a_2 = 1$ を満たして変化するとき，2 直線 l_1，l_2 の交点の軌跡を求めよ。

【考え方のポイント】

実数 a_1，a_2 の組を 1 つ定めると，それに対応して 2 直線 l_1，l_2 の交点も 1 つに定まります。点 $(x,\ y)$ が求める軌跡に属するための条件は，点 $(x,\ y)$ が 2 直線 l_1，l_2 の交点となるような実数 a_1，a_2 の組が存在することです。

解答

直線 l_1 の方程式は　$y-1=a_1(x-2)$　すなわち　$y=a_1x-2a_1+1$

直線 l_2 の方程式は　$y-3=a_2(x-0)$　すなわち　$y=a_2x+3$

ゆえに，2 直線 l_1，l_2 の交点の座標は，

連立方程式 $\begin{cases} y=a_1x-2a_1+1 \\ y=a_2x+3 \end{cases}$ の実数解に等しい。

したがって，点 $(x,\ y)$ が求める軌跡に属するための条件は，

$y=a_1x-2a_1+1$ ……①　かつ　$y=a_2x+3$ ……②　かつ　$a_1-a_2=1$ ……③

を満たす実数 a_1，a_2 が存在することである。

③ より　$a_2=a_1-1$ ……③′

③′ を ② に代入すると　$y=(a_1-1)x+3$ ……②′

②′ を ① に代入して　$(a_1-1)x+3=a_1x-2a_1+1$　（※1）

これを変形して　$a_1=\dfrac{x-2}{2}$ ……④

④ を ②′ に代入して整理すると　$y=\dfrac{1}{2}x^2-2x+3$ ……⑤

⑤ を満たす任意の点 $(x,\ y)$ に対して，④ より実数 a_1 は存在し，

このとき，③′ より実数 a_2 も存在する。

したがって，求める軌跡は　放物線 $y=\dfrac{1}{2}x^2-2x+3$　答

（※1）

① かつ ②′ の連立方程式を解いて 2 直線 l_1，l_2 の交点の座標を求めると $(2a_1+2,\ 2{a_1}^2+1)$ が得られるので，$x=2a_1+2$，$y=2{a_1}^2+1$ から a_1 を消去して ⑤ を導くという方法もありますが，これは「解答」と実質的に同じことです。したがって，交点の座標を求める必要はありません。

補充問題 17

◂問題 3.21

xy 平面において，曲線 $y=x^4-x^3$ に異なる 2 点で接するような直線の方程式を求めよ。（参考の（＊）を用いてよい）

> 一般に，整式 $f(x)$ が何次の整式であっても，
> 「$f(x)$ が $(x-k)^2$ で割り切れる」$\Leftrightarrow$「$f(k)=0$ かつ $f'(k)=0$」 ……（＊）
> が成立します。

【考え方のポイント】

解法は複数ありますが，「問題 3.21」(3) と同様に（＊）を用いると計算が比較的容易です。

解答

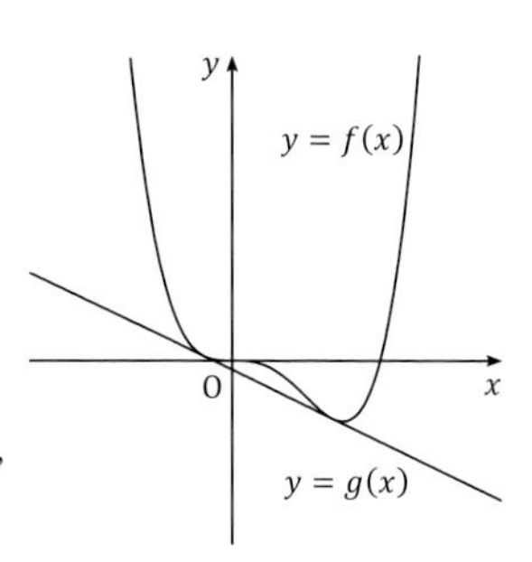

求める直線の方程式を $y=mx+n$ とし，

$$f(x)=x^4-x^3,\quad g(x)=mx+n$$

とおく。2 つの接点の x 座標を α，β $(\alpha\neq\beta)$ とすると，

接点の y 座標について　$f(\alpha)=g(\alpha)$，$f(\beta)=g(\beta)$

接線の傾きについて　$f'(\alpha)=g'(\alpha)$，$f'(\beta)=g'(\beta)$

ここで，$h(x)=f(x)-g(x)$ とおく。（＊）が成立するから，

$h(\alpha)=f(\alpha)-g(\alpha)=0$ かつ $h'(\alpha)=f'(\alpha)-g'(\alpha)=0$ より，

$h(x)$ は $(x-\alpha)^2$ で割り切れ，また，

$h(\beta)=f(\beta)-g(\beta)=0$ かつ $h'(\beta)=f'(\beta)-g'(\beta)=0$ より，

$h(x)$ は $(x-\beta)^2$ で割り切れる。

ゆえに，$h(x)=x^4-x^3-mx-n$ は $(x-\alpha)^2$ と $(x-\beta)^2$ を因数にもつから，

$h(x)=(x-\alpha)^2(x-\beta)^2$ と表せて，恒等式 $x^4-x^3-mx-n=(x-\alpha)^2(x-\beta)^2$ を得る。

右辺を展開すると　(右辺) $=x^4-2(\alpha+\beta)x^3+(\alpha^2+4\alpha\beta+\beta^2)x^2-2\alpha\beta(\alpha+\beta)x+\alpha^2\beta^2$

であるから，両辺の各項の係数を比較して

$$2(\alpha+\beta)=1 \ \cdots①,\quad \alpha^2+4\alpha\beta+\beta^2=0 \ \cdots②,\quad 2\alpha\beta(\alpha+\beta)=m \ \cdots③,\quad \alpha^2\beta^2=-n \ \cdots④$$

① より　$\alpha+\beta=\dfrac{1}{2}$ …⑤

⑤ を ② すなわち $(\alpha+\beta)^2+2\alpha\beta=0$ に代入して　$\alpha\beta=-\dfrac{1}{8}$ …⑥

2 数 α，β を解とする t の 2 次方程式 $t^2-\dfrac{1}{2}t-\dfrac{1}{8}=0$ の判別式の値は正であるから，

α，β は確かに異なる 2 つの実数である。

⑤，⑥ を ③，④ に代入して　$m=-\dfrac{1}{8}$，$n=-\dfrac{1}{64}$

したがって，求める直線の方程式は　$y=-\dfrac{1}{8}x-\dfrac{1}{64}$　答

補充問題 18 ◂問題 3.23

$7x^2+8xy+y^2+8x-16y+k$ が x，y の 1 次式の積に因数分解できるような定数 k の値を求めよ。また，そのとき，この式を因数分解せよ。

【考え方のポイント】

与式に「$=0$」を付けて方程式をつくり，その方程式の解を用いて因数分解するのは，因数分解の基本手法の一つです。ここでは，x，y のどちらかの文字について方程式を解きます。

解答

与式を y について降べきの順に整理すると　$y^2+(8x-16)y+7x^2+8x+k$

$y^2+(8x-16)y+7x^2+8x+k=0$ ……① の判別式を D とすると，

$$\frac{D}{4}=(4x-8)^2-(7x^2+8x+k)=9x^2-72x+64-k$$

であり，① を y について解くと　$y=-4x+8\pm\sqrt{\dfrac{D}{4}}$ ……②　（※1）

与式が x，y の 1 次式の積に因数分解できるための条件は，② が x の 1 次式で表されること，すなわち，$\dfrac{D}{4}$ が $(x$ の 1 次式$)^2$ となることである。

$\dfrac{D}{4}=9(x-4)^2-80-k$ であるから，条件は　$-80-k=0$　（※2）

したがって　$k=-80$　答

このとき，② を変形すると

$$y=-4x+8\pm3(x-4)=-x-4,\quad -7x+20$$

ゆえに，与式を因数分解した式は

$\{y-(-x-4)\}\{y-(-7x+20)\}$　すなわち　$(x+y+4)(7x+y-20)$　答

（※1）

① を y について平方完成して $\{y+(4x-8)\}^2-(9x^2-72x+64-k)=0$ が得られ，これを y について解いて $y=-4x+8\pm\sqrt{9x^2-72x+64-k}$ とするのと実質的に同じことです。

（※2）

$9x^2-72x+64-k=0$ の判別式を D' として，$D'=0$ を計算しても構いません。

別解（概略）

2 次の項に関して $7x^2+8xy+y^2=(x+y)(7x+y)$ と因数分解できるから，

（与式）$=(x+y+a)(7x+y+b)$　（a，b は定数）

とおける。右辺を展開して両辺の各項の係数を比較すると $7a+b=8$，$a+b=-16$，$ab=k$

これを解いて　$a=4$，$b=-20$，$k=-80$

補充問題 19 ◂問題 3.25

x は実数とする。$\sqrt{x^2+16}+\sqrt{(x-8)^2+4}$ の最小値を求めよ。

【考え方のポイント】

数学Ⅲの微分法により求めることもできますが，ここでは，式の図形的解釈ができれば容易に求まります。座標平面において定点や動点を設定します。

解答

xy 平面において，点 $(0,\ 4)$ を A，点 $(8,\ -2)$ を B とする。（※1）
また，x 軸上を動く点を P とし，P の座標を $(x,\ 0)$ とおく。
線分 AP，BP の長さは

$$\mathrm{AP}=\sqrt{(x-0)^2+(0-4)^2}=\sqrt{x^2+16}$$

$$\mathrm{BP}=\sqrt{(x-8)^2+\{0-(-2)\}^2}=\sqrt{(x-8)^2+4}$$

したがって，AP + BP の最小値を求めればよい。
右図により，AP + BP が最小となるのは，3 点 A，P，B が一直線上にあるときであるから，
その最小値は，線分 AB の長さに等しく，

$$\sqrt{(8-0)^2+(-2-4)^2}=10 \quad \boxed{答}$$

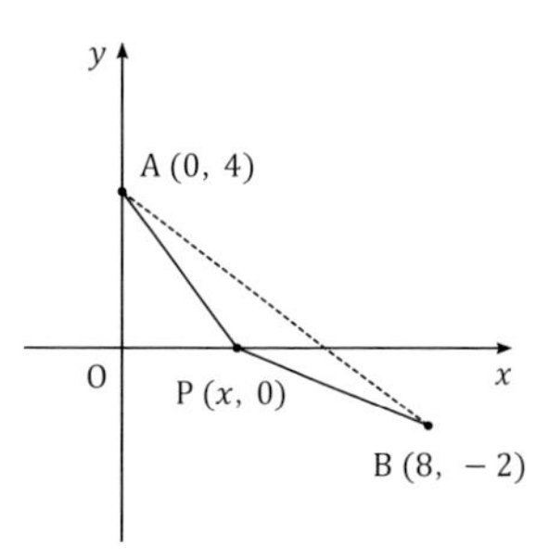

（※1）
点 $(8,\ 2)$ を B とすることもできますが，AP + BP の最小値を考えるとき，点 B を x 軸に関して対称移動し，結局は点 $(8,\ -2)$ と点 $(0,\ 4)$ を線分で結ぶことになります。

別解

O を原点とする xy 平面において，点 $(8,\ 6)$ を A とする。
また，直線 $y=4$ 上を動く点を P とし，P の座標を $(x,\ 4)$ とおく。
線分 OP，AP の長さは

$$\mathrm{OP}=\sqrt{x^2+4^2}=\sqrt{x^2+16}$$

$$\mathrm{AP}=\sqrt{(x-8)^2+(4-6)^2}=\sqrt{(x-8)^2+4}$$

したがって，OP + AP の最小値を求めればよい。
右図により，OP + AP が最小となるのは，3 点 O，P，A が一直線上にあるときであるから，
その最小値は，線分 OA の長さに等しく，

$$\sqrt{8^2+6^2}=10 \quad \boxed{答}$$

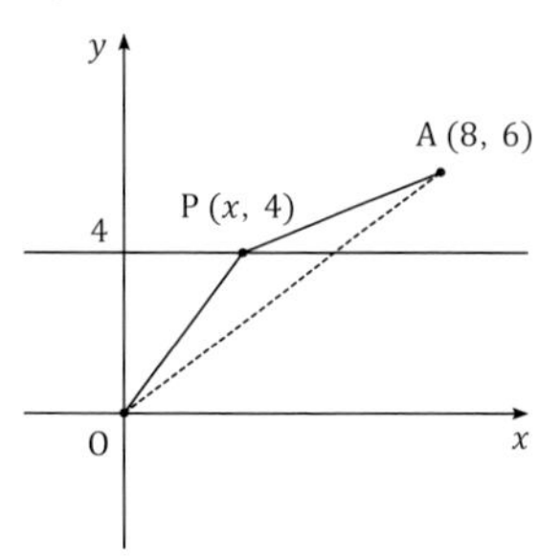

補充問題 20　◂問題 3.26

xyz 空間において，球面 $x^2+(y-1)^2+(z-2)^2=1$ 上の動点を P とする。また，定点 $(0,\ -1,\ 3)$ を A とする。直線 AP が xy 平面と交わるとき，その交点が存在しうる範囲を xy 平面上に図示せよ。

【考え方のポイント】

xy 平面上の点 $(X,\ Y,\ 0)$ が求める存在範囲に属するための条件は，点 $(X,\ Y,\ 0)$ を通る直線 AP が存在しうることですが，これは，点 $(X,\ Y,\ 0)$ と点 A を通る直線が与えられた球面と共有点をもつことだと言い換えられます。

解答

xy 平面上の点 $(X,\ Y,\ 0)$ と点 A $(0,\ -1,\ 3)$ を通る直線のベクトル方程式は，
媒介変数を t とすると，

$$(x,\ y,\ z)=(1-t)(0,\ -1,\ 3)+t(X,\ Y,\ 0)$$
$$=\big(Xt,\ (Y+1)t-1,\ 3(1-t)\big)\quad\cdots\cdots①$$

と成分表示できる。
点 $(X,\ Y,\ 0)$ が求める存在範囲に属するための条件は，
直線 ① が球面 $x^2+(y-1)^2+(z-2)^2=1$ と共有点をもつこと，すなわち，

$$(Xt)^2+\{(Y+1)t-1-1\}^2+\{3(1-t)-2\}^2=1$$

を満たす実数 t が存在することである。
この方程式を変形すると

$$\{X^2+(Y+1)^2+9\}t^2-2(2Y+5)t+4=0\quad\cdots\cdots②$$

$X^2+(Y+1)^2+9\neq 0$ より ② は t の 2 次方程式であるから，② の判別式を D とすると，
条件は $D\geqq 0$ である。

$$\frac{D}{4}=\{-(2Y+5)\}^2-4\{X^2+(Y+1)^2+9\}$$
$$=12Y-4X^2-15$$

よって，$12Y-4X^2-15\geqq 0$ を変形して，

$$Y\geqq\frac{1}{3}X^2+\frac{5}{4}$$ を得る。

したがって，求める存在範囲は，xy 平面において
不等式 $y\geqq\frac{1}{3}x^2+\frac{5}{4}$ で表され，
右図の網目部分となる。ただし，境界線を含む。答

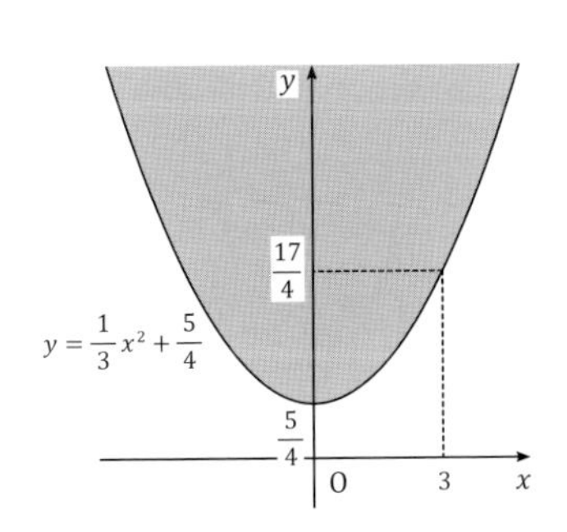

関連分野一覧

■　ステージ1（やや易）

問題	数学Ⅰ				数学A				数学Ⅱ								数学B	
	1次／2次関数	集合と命題	三角比	データの分析	場合の数	確率	整数の性質	図形の性質	式と証明	複素数と方程式	図形と式	指数関数	対数関数	三角関数	微分法／極限	積分法	数列	ベクトル
1.1	●						●											
1.2				●			●											
1.3							●										●	
1.4							●					●	●					
1.5		●					●											
1.6					●			●										
1.7					●				●									
1.8						●											●	
1.9		●									●							
1.10		●					●	●										
1.11			●											●				
1.12			●											●				
1.13								●						●				
1.14											●			●				
1.15										●				●			●	
1.16		●												●				
1.17	●									●		●						
1.18	●								●			●						
1.19	●										●		●					
1.20										●		●	●					
1.21									●						●			
1.22											●				●			
1.23											●				●			
1.24													●		●			
1.25												●	●		●			
1.26	●	●														●		
1.27	●																	●
1.28	●		●															●
1.29										●							●	
1.30																●	●	

■　ステージ2（標準）

問題	数学Ⅰ				数学A				数学Ⅱ								数学B	
	1次／2次関数	集合と命題	三角比	データの分析	場合の数	確率	整数の性質	図形の性質	式と証明	複素数と方程式	図形と式	指数関数	対数関数	三角関数	微分法／極限	積分法	数列	ベクトル
2.1							●										●	
2.2							●						●					
2.3							●			●								
2.4					●			●										
2.5					●												●	
2.6						●											●	
2.7						●											●	
2.8						●	●											
2.9						●					●							
2.10	●																●	
2.11					●												●	
2.12			●					●						●				
2.13			●					●						●				
2.14									●					●				
2.15	●													●				
2.16											●			●				
2.17											●			●				
2.18														●	●			
2.19	●											●	●					
2.20										●				●				
2.21	●													●				
2.22	●												●					
2.23											●		●					
2.24										●	●					●		
2.25															●			●
2.26			●					●										●
2.27								●										●
2.28								●										●

■ ステージ3（やや難）

	数学Ⅰ				数学A				数学Ⅱ								数学B	
問題	1次／2次関数	集合と命題	三角比	データの分析	場合の数	確率	整数の性質	図形の性質	式と証明	複素数と方程式	図形と式	指数関数	対数関数	三角関数	微分法／極限	積分法	数列	ベクトル
3.1				●			●											
3.2				●													●	
3.3		●					●										●	
3.4										●							●	
3.5												●					●	
3.6					●			●										
3.7						●											●	
3.8						●			●									
3.9	●													●				
3.10									●			●						
3.11	●									●		●	●	●				
3.12	●									●			●					
3.13	●									●	●		●					
3.14											●				●			
3.15	●															●		
3.16	●														●	●		
3.17	●								●		●					●		
3.18	●															●		
3.19											●				●	●		
3.20											●				●			
3.21		●							●						●			
3.22											●							●
3.23							●											●
3.24								●						●				●
3.25								●										●
3.26											●							●

※　分野の区分けは必ずしも教科書の単元に一致するとは限りません。

※　補充問題は分野融合問題でないものもあります。

大原　佑騎（おおはら　ゆうき）

1987年生まれ。高知県出身。2011年、東京大学工学部物理工学科卒業。大学卒業後は、中学生、高校生らに数学・英語・物理を個別指導している。

【著書】
『論理と集合で解く　高校数学総合演習60』（文芸社、2019）
『算数からはじめる代数の基礎』（アメージング出版、2020）

Twitter: @OharaYuki8
Mail: oharayuki98@gmail.com

数学Ⅰ・A・Ⅱ・B　分野融合基礎演習84

2020年9月16日　初版第1刷発行

著　者　大原佑騎
発行者　中田典昭
発行所　東京図書出版
発行発売　株式会社 リフレ出版
〒113-0021　東京都文京区本駒込 3-10-4
電話 (03)3823-9171　FAX 0120-41-8080
印　刷　株式会社 ブレイン

ISBN978-4-86641-358-7 C7041
Printed in Japan 2020